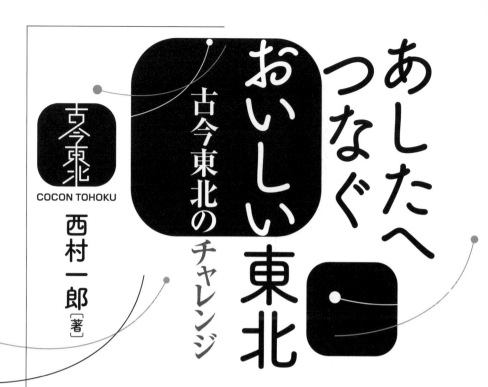

あしたへつなぐおいしい東北

古今東北のチャレンジ

古今東北
COCON TOHOKU

西村一郎［著］

合同出版

古今東北
COCON TOHOKU

本書に登場する古今東北の生産者とメーカー

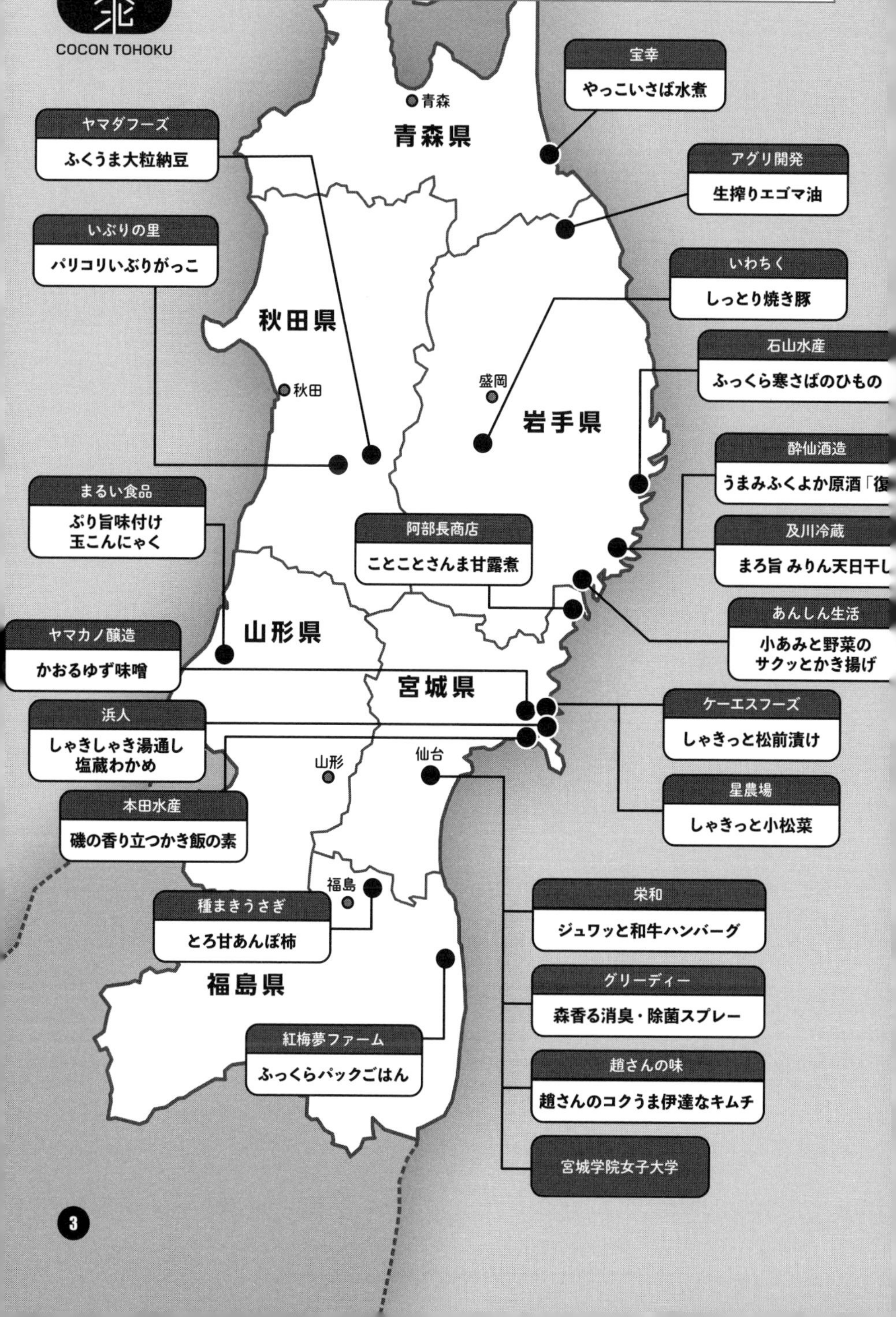

青森
青森県
宝幸
やっこいさば水煮
ヤマダフーズ
ふくうま大粒納豆
アグリ開発
生搾りエゴマ油
いぶりの里
パリコリいぶりがっこ
いわちく
しっとり焼き豚
秋田県
石山水産
ふっくら寒さばのひもの
盛岡
秋田
岩手県
酔仙酒造
うまみふくよか原酒「復
まるい食品
ぶり旨味付け
玉こんにゃく
阿部長商店
ことことさんま甘露煮
及川冷蔵
まろ旨 みりん天日干し
あんしん生活
小あみと野菜の
サクッとかき揚げ
山形県
ヤマカノ醸造
かおるゆず味噌
宮城県
ケーエスフーズ
しゃきっと松前漬け
浜人
しゃきしゃき湯通し
塩蔵わかめ
仙台
山形
星農場
しゃきっと小松菜
本田水産
磯の香り立つかき飯の素
福島
種まきうさぎ
とろ甘あんぽ柿
栄和
ジュワッと和牛ハンバーグ
福島県
グリーディー
森香る消臭・除菌スプレー
紅梅夢ファーム
ふっくらパックごはん
趙さんの味
趙さんのコクうま伊達なキムチ
宮城学院女子大学

はじめに

みやぎ生協の復興支援

1982年に誕生したみやぎ生協は、「わたしたちは、協同の力で、人間らしいくらしを創造し、平和で持続可能な社会を実現します」を目指し、「一人は万人のために、万人は一人のために　平和とよりよき生活のために　みんなでつくる豊かな地域」をスローガンにした。県民の暮らしをより豊かにする活動や、社会問題にも関わって地域からの信頼を高め、2019年度はメンバー（組合員）数75・6万人で県民世帯の75％を組織し、供給高は1271億円の規模にもなった。

みやぎ生協の商品は、①ナショナルブランド、②日本生協連のコープ商品、③産直のめぐみ野、④東北の復興支援と地域活性化の古今東北で構成している。生協のこだわり商品であるコープ商品・めぐみ野・古今東北で、構成比は全体の約20％を占め、生協らしさをさらに強めるため30％にしようと努力している。

日本生協連のコープ商品は、安全と安心を大切により良い品質を追求し、くらしの声を聴き価値あるものをつくり、思いをつなぎ共感を広げ、食卓に笑顔と健康を届け、地域と社会に貢献する5つの約束をしている。

めぐみ野は、食の安全・県と日本の1次産業の振興・地域経済の活性化と文化の向上・自然環境の保全を目指して、みやぎ生協が1970年に角田市農協と連携してスタートし、メンバーや生産者と共に顔と暮らしの見える産消直結である。

2011年の東日本大震災の直後に、生産者と食べる人がつながり続けるため、みやぎ生協は復興支援の「食のみやぎ復興ネットワーク」を結成した。

その後も震災復興と東北地方の経済活性化のため、「食のみやぎ復興ネットワーク」の思いを継承し、コープ東北・みやぎ生協・株式会社日専連ライフサービスが協力して、株式会社東北協同事業開発を2015年に設立し、古今東北のブランドで38品目の発売を始めた。順調に推移して2019年度に農林水産省食料産業局長賞を受賞し、2020年には221品目となり供給高は前年比130%の17億円にもなっている。

古今東北の理念

古今東北の理念として〈**私たちの目指すものは、東北の震災復興への貢献・東北の地域経済活性化への貢献**〉を挙げている。具体的には、①東北の原料や工場の資源を活用、②経験豊富なバイヤーが目利きした東北6県のユニークで美味しい商品、③安心・安全を追求した品質管理、④販路の制限はなく生協以外でも販売、⑤豊富でバラエティあふれる品揃え、⑥中高年層の健康にも気遣った味付けなどへの配慮、⑦良心的な価格、⑧産地や生産者や製造者への配慮である。

これらにより利用者には、東北6県の名所を巡っているような楽しさ、四季が感じられる旬を味わえる喜び、おもてなしの心が感じられるほっこりとしたくつろぎ感、素材本来の旨みを堪能できる特別感、家族で楽しむことができる幸福感、これまでに体験したことのない味を伝えることができる。

このため「あしたへつなぐ、おいしい東北」をテーマにした古今東北とは、東北の食の「これまで」と「これから」を紹介するブランドで、東北6県から集めた、選《え》りすぐりのさまざまな食材や加工品である。地元で愛されてきた伝統的な食文化を再発見し、多彩な食文化が出会うことで生まれる、新たな食の楽しみも提案し、日本全国やいずれは世界の国々に向け、東北地方の魅力を発信していくことを目標としている。

太鼓判をイメージしたロゴマークに確実な保証と情熱を込め、安心・安全で優れた商品であることを訴えた。品格と情熱を表す赤には、東北協同事業開発と活動に賛同する人々の熱い思いを込めている。

もくじ

本書に登場する古今東北の生産者とメーカー……3
はじめに……4
1 八戸港水揚げ生さば使用 やっこいさば水煮……10
2 岩手県軽米町産 生搾りエゴマ油……18
3 秋田県産白首大根使用 パリコリいぶりがっこ……26
4 秋田県産大豆（リュウホウ）一〇〇％使用 ふくうま大粒納豆……34
5 三陸産 ふっくら寒さばのひもの……42
6 陸前高田産ひとめぼれ使用 特別純米酒 うまみふくよか原酒「復蔵」……50
7 三陸産さんま使用 まろ旨 みりん天日干し……58
8 東北産豚もも肉・岩手県産丸大豆醤油使用 しょうゆの香り立つしっとり焼き豚……66
9 陸前高田産 小あみと野菜のサクッとかき揚げ……74
10 三陸産昆布・イカ使用 しゃきっと松前漬け……82
11 宮城県南三陸星農場産 しゃきっと小松菜……90
12 三陸産 ことことさんま甘露煮……98
13 気仙沼大島産ゆず果汁使用 かおる ゆず味噌……106

14 石巻十三浜産 しゃきしゃき湯通し塩蔵わかめ……114
15 東松島市浜市産かき使用 磯の香り立つかき飯の素……122
16 青森県産ヒバ使用 森香る消臭・除菌スプレー……130
17 宮城県産黒毛和牛使用 ジュワッと和牛ハンバーグ……138
18 東北産白菜使用 趙さんのコクうま伊達なキムチ……146
19 山形県庄内地方産 ぷり旨味付け玉こんにゃく……154
20 福島県南相馬産「天のつぶ」使用 ふっくらパックごはん……162
21 福島県伊達産 とろ甘あんぽ柿……170
22 宮城学院女子大学 現代ビジネス学部……178

おわりに……186

各地の生協からのメッセージ……191
あとがきにかえて……197
古今東北・資料……201
生産者・メーカーリスト……206

■本書の目的

古今東北の創立5周年を記念する本書は、以下を出版の目的としている。

第1に、5年間の古今東北に関わるいくつもの協同のドラマを分かりやすく紹介し、関係者の誇りと自信につなげ、古今東北のさらなる発展に寄与する。

第2に、古今東北の取り組みを読者が知り、全国各地で震災がもしも発生したときなどに、地元で食と産業を復興させるヒントとする。

22章の物語りでいくつもの協同の場に触れていただき、古今東北に関わる人々の情熱をぜひ感じてほしい。生協を含めた協同組合や、地域社会と共に生きる事業体や人間の原点がここにある。

01

八戸港水揚げ生さば使用　やっこいさば水煮

生さばを使った柔らかなさば缶の味付けに、宮古の塩で美味しくした

●宝幸《ほうこう》・八戸工場を訪ねて

2020年10月上旬の早朝に、盛岡駅から東北新幹線「はやぶさ」で八戸駅へ入り、ライトブルーの車両の青い森鉄道に乗り換え、1つ目の無人駅の陸奥市川駅で下車した。連絡してあった迎えの車に乗り、10分ほどで株式会社宝幸の八戸工場に到着した。

宝幸は、前身の会社が1946年に東京で設立した。1960年に八戸工場を竣工した後で、2003年に日本ハムグループへ入り、従来の缶詰・チーズ・冷凍食品事業に加え、2012年からフリーズドライ事業も扱う総合食品メーカーとなった。

その八戸工場は、2万平方メートルを超える広い敷地面積に、延床面積は約9000平方メートルの

八戸港水揚げ生さば使用
やっこいさば水煮

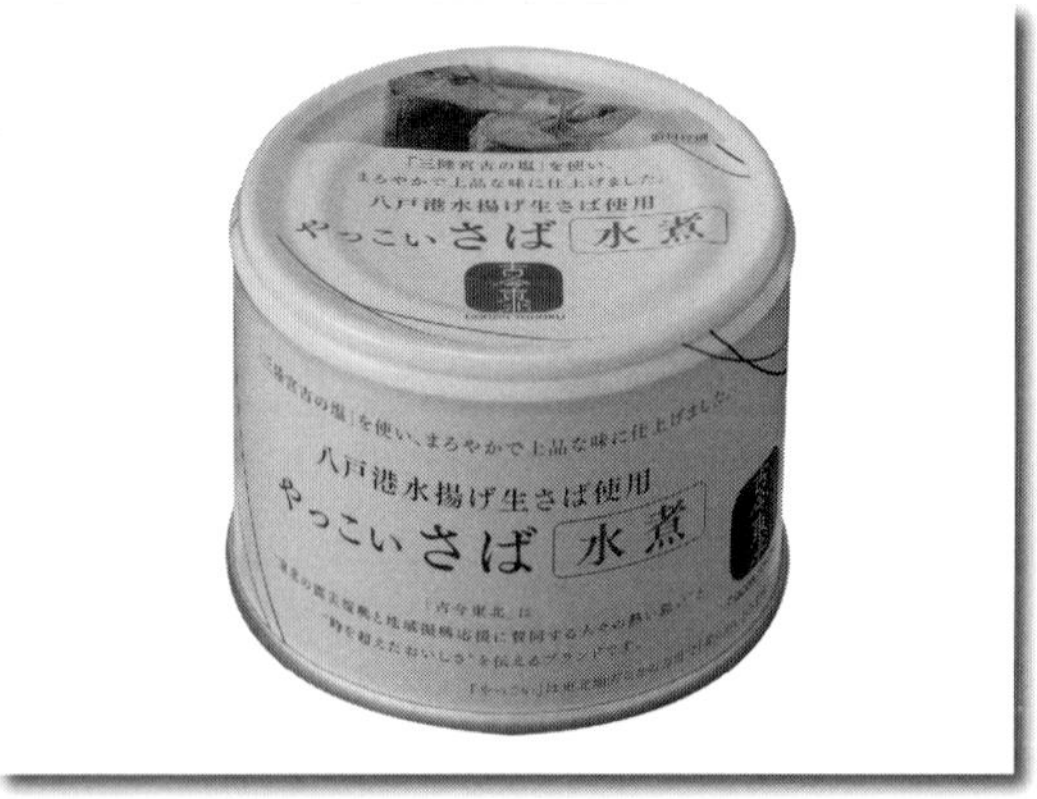

建物で、さば・さんま・いわしといった水産缶詰の製造を中心とした第1工場と、カニやホタテや畜肉の缶詰と、レトルトパウチなどの加工を主とした第2工場があり、全体で121人が働いている。

工場長の徳田隆弘さん（54歳）、次長の木村康一さん（55歳）、営業の南部浩一さん（49歳）の3人が会議室で対応してくれた。

まず徳田さんが、プロジェクターの映像を使って、会社および八戸工場の概要を説明してくれた。

「1959年に缶詰の製造を始めた常温食品事業を中心に、60年代には乳製品事業および冷凍食品事業にも参入し、2012年にフリーズドライ事業を開始しました。今では総合食品メーカーとして食べる喜びをお客様に届けています。

八戸に工場を構える利点は、まず原料の良さです。八戸前沖さばブランド推進協議会が定める八戸前沖さばを使った商品や、青森県内で水揚げされたさばや、日本ハムグループから供給される県内産の畜肉など、『青森の正直』のシンボルマークを使用した商品は、自信を持って皆様にお薦めできます。

当工場は、日本有数の水揚げのある八戸漁港から車で約15分の場所にあり、水揚げされたさばを短時間で工場に搬入することができます。

さばは劣化が早いので、作業は時間との勝負になります。1日の生産能力として、原料さばの使用量はおよそ50トンで、数にして約16万缶分になります。競《せ》りは真剣勝負そのもので、八戸で長く水産事業を展開してきた経験とスタッフの確かな目で、しっかり目利きして買い付けています」

缶詰原料としての素材の良さが、製品の決め手となる。八戸市魚市場の買い受け人として競りの入札権を持っている宝幸は、こうして地の利を活かしている。

コロナの感染防止のため、残念ながら作業場を私は見学することはできなかった。それでも原料さばのカットや洗浄や選別などの処理から、充塡《じゅうてん》や重量チェックの工程を経て調味液充塡や缶蓋の巻締めや殺菌をし、最後は検査と箱詰めの包装をしているさば缶詰製造の各作業の写真を、木村さんから何枚も見せてもらいながら説明を受け、おおよその流れは理解できた。

●食材のさば

次は、さばに関する解説が徳田さんからあった。

「日本の食卓に上がるさばは、主にマさばとゴマさばと、ノルウェーさばともいうタイセイヨウさばの3種類です。そのうち日本で水揚げされるさばは、マさばとゴマさばの2種類で、安いさばとしてスーパーの売り場などに定着しているタイセイヨウさばは輸入品です。

さばはとても傷みやすい魚で、工場では鮮度が落ちないよう素早く缶詰にします。缶に詰めたさばは、高温で加圧加熱殺菌するので、骨まで柔らかく調味液の染み込んださばを美味しく食べることができます」

さば缶詰へのこだわりとして宝幸は、以下の3点をあげている。

①優れた栄養素と言われているドコサヘキサエン酸（DHA）やエイコサペンタエン酸（EPA）が、生のさばに比べて多い。缶詰は密封して加圧加熱殺菌するので、栄養素が損なわれにくい。

②国内産さばを中心に使用している八戸工場では、自社工場で設定している各検査基準をクリアしたさばを原料として使用している。

③八戸の自社工場で製造を始めて、50年以上にわたって培った製法で缶詰に加工する。

左から南部浩一さん、
徳田隆弘さん、木村康一さん

そうしたさばの中でも八戸漁港で、８月頃から12月頃に水揚げされる八戸前沖さばは、より美味しいと徳田さんの話は続いた。

「八戸漁港は、日本のさばの主漁港として北緯40度30分の本州最北端に位置します。さばは水温が約18℃になると粗脂肪が多くなると言われ、八戸前沖では例年９月頃に急に水温が低くなります。そのためさばの美味しさの１つと言われている粗脂肪分が、魚体サイズ６００グラム以上では30％になるものもあり、それより小さくて４００グラムサイズのさばでも15％以上あります。

さばには、健康に役立つとよくマスコミなどで話題になるＤＨＡやＥＰＡの不飽和脂肪酸が多く含まれていて、その含有量は粗脂肪分が多くなると増加します」

美味しくて健康に役立ち、なおかつ安価であれば、これほど私たち庶民にとって嬉しい食べ物はない。

なお缶詰には、かつて遠征時の食料補給に悩んだナポレオンが懸賞付きで募集し、１８０４年にあるフランス人が長期保存できる瓶詰めを発明したが、重くて破損しやすい欠点があり、１８１０年にあるイギリス人がブリキ缶に食品を入れる缶詰を考案した有名な話がある。

●八戸港水揚げ生さば使用の「やっこいさば水煮」と「やっこいさば味噌煮」

宝幸で手掛けたさば缶詰が、古今東北の八戸港水揚げ生さば使用の「やっこいさば水煮」と「やっこいさば味噌煮」である。八戸前沖でのさばの旬は9月頃から12月頃で、その期間に八戸前沖は水温が16℃から18℃と低く、さばに脂分が乗りやすいと言われている。またマグネシウム成分が豊富な天然塩である「宮古の塩」が、さばの旨味をさらに高めている。

ところで私はさばが大好きで、特に味噌煮は連日食べても飽きない。スーパーでプリプリした新鮮な生さばを売っていると、買って帰りすぐ包丁で三枚におろし、自分でシメさばにして日本酒のつまみにすることがある。冷凍食品で食べる身の白くなったシメさばとまるで異なり、赤みの多く残る手作りは口の中で溶ろける最高の品である。

宝幸八戸工場
（宝幸提供）

試食させてもらった「やっこいさば」も、私の手作りと同じくらい柔らかく美味しかった。

ところで宝幸では、他にもたくさんのさば缶詰を販売している。

国内産さばのみ使用して八戸工場で製造した、ブランド「日本のさば」シリーズを販売し、2009年から2019年の間の国内出荷数が1億2千万缶以上とのことだから驚く。その種類は、塩だけで仕上げた水煮、信州味噌の味噌煮、醤油、梅じそ風味、梅じそ風味、ゆず味噌などと多彩で、商品開発に積極的な姿勢がよくわかる。

また八戸漁港で水揚げされ凍結せずに生のさばだけを使った「青森の正直 旬の鯖」シリーズがある。一般には保存食や非常食としてのイメージの強い缶詰だが、旬の素材の美味しさも詰まり、そのままの利用でも良いし、鍋や炊き込みごはんや和え物などさまざまな料理に活用できる。

●すすむブランド化

八戸市は古くから国産さばの主要水揚地でありながら、さばを使用した地域特有の料理が少ない。そこで宮城県の金華さばや大分県の関さばのようなブランド化に向け、ロゴマークやコースメニュー「北緯40度30分海域限定鯖料理」の試みを2007年より有志が開始した。

水産、飲食、観光の関連団体の代表56名が協議会役員となり、2008年に八戸前沖さばブランド推進協議会を設立し、地域ブランドの形成に向けた活動が本格化した。関係者が協力して経済波及効果をもたらすブランドを形成し、地域経済を活性化させることにした。

その結果、八戸前沖さばの定義は、同協議会が定めた期間に三陸沖以北の日本近海で漁獲し、八戸港に水揚げされた品とされ、ブランドと認定する漁獲期間は水揚げ状況、脂肪分、重量などを参考に協議会が毎年判断し決定することにした。

なお八戸前沖さばは、肉質が締まっていてシメさばに適したマさばと、肉質が柔らかく焼き物に適したゴマさばの2種類があり、脂肪分が増える時期も異なり、ゴマさばはマさばより1カ月程度早く脂肪分が増えやすい。

軽やかなテンポの「八戸前沖さばサンバ」（作詞：永田雅現、作曲：宮下浩司、歌：さば田さば男とハートビレッジ）も、八戸におけるさばのブランド化の1つで、披露したイベントなどに参加した人も、リズムに乗り一緒に踊ったりして人気を集めている。

八戸前沖さばアイディア料理コンテスト

八戸前沖さばの魅力を全国にアピールすることを目的に、毎年開催している「八戸前沖さばアイディア料理コンテスト」がある。２０１９年の同コンテストでは、宝幸の従業員で開発担当の若い小松由衣さんが、2年連続のグランプリを受賞して話題になった。

12回目での小松さんの受賞作品は、さまざまなさば料理を一度に味わうことのできる「サバフェランチ」で、13回目はさばの缶詰を使った3種類のアイスクリームであった。「三《さ》八《ば》愛《あい》す♥〜アフォガート風〜」の名称で、バニラ・チョコレート・桑の葉の3種類の味があり、ソースを掛けて味の変化や意外な組み合わせを楽しむことのできるように工夫していた。

小松さんのおすすめポイントは以下である。

〈青森ならではの食材を詰め込んだアイスで、とことん八戸・青森を堪能できます！　おいしい八戸前沖さばを、料理の最後のデザートでも味わってほしくてこのレシピを考案しました。さばへの愛♥と八戸・青森への愛♥が詰まっています。さばのくさみを抑える為に冷たいアイスにしました。コーヒーなどをかけると溶けてきますが、それぞれの飲料の味でさばのくさみは抑えられます。さバニラアイス　桑のさ葉アイス　さばチョコアイス〉

なおアフォガートとはイタリア語で、アイスクリームやジェラートに飲料をかけて食べるスタイルであることを、口にしたことのない私は取材後に調べてはじめて知った。

さばを楽しむ

2013年に結成した「全日本さば連合会」のあることを、宝幸の取材を終えて駅まで送ってもらう途中で南部さんから私は教えてもらった。「鯖を楽しみ、鯖をとおして人と、世界と、つながる」を掲げるそのホームページでは、以下の目的を紹介している。

〈鯖好きの「さば友」たちと日本全国・世界の鯖、鯖料理、サバ缶を楽しみ、鯖文化を語り、鯖カルチャーを発信し、鯖で多くの方々と交流をはかること、そして、鯖のための環境を考えることを趣旨に活動している〉

そのための具体的な活動としては、①イベント「鯖ナイト」の企画・運営、②鯖にまつわるプロモーション、③鯖関連のプロダクトデザイン、④鯖を使ったレシピ開発およびフードコーディネート、④鯖にまつわる媒体制作とある。

そうした取り組みの1つが、2014年に鳥取市でスタートした鯖サミットで、6回目の2019年には宝幸も参加して八戸で開催し多くの人が楽しんだ。

さば文化が、いろいろな形で日本の各地に広がりつつある。

02

岩手県軽米《かるまい》町産　生搾《しぼ》りエゴマ油

人気のエゴマ油の原料を軽米町産に限定し、耕作放棄地の活用も目指した

岩手県軽米町産　生搾りエゴマ油

●雑穀の里・軽米町へ

青森県の八戸市内からバスに乗り、少しずつ坂道を登りつつ何回も蛇行しながら1時間ほど走ると、岩手県北部の山間にある静かな軽米町へ着く。町の約8割を山林が占め、周辺を標高５５０～８５０メートルの山に囲まれた北上山系北部の丘陵地帯で、多くの集落は標高が２００～３００メートルである。人口約９０００人のこの町は、夏が涼しく平坦地が少ないため、昔から稲作が困難なため畑作中心で、稲・麦・トウモロコシ以外の粟《あわ》や稗《ひえ》やエゴマなどの雑穀文化が根付き、昔の主食は雑穀であった。なお雑穀やソバは、食糧として人々の暮らしに役立つだけでなく、夏の終わりから秋にかけて実りの季節を前に、可憐な花を咲かせ見る人を楽しませてくれる。また連作障害を避けるため3年から5年で一巡するよう輪作し、肥料は全て有機堆肥で除草に農薬を使わず、作物が生える前に土壌を浅く耕す「めくら除草」で安全である。

バスの終点へ迎えに来てくれたアグリ開発有限会社の上柿津也さん（37歳）の車で、15分ほど走って加工場へと向かった。途中で、エゴマの畑の前で車を停めてくれた。

青ジソのような太い緑の葉をつけたエゴマが広い畑一面に植わり、エゴマはゴマとまったく異なる種であることを知った。

エゴマの原産地は、ヒマラヤ山麓から中国南部やインドとの説もあり、昔から東アジアを中心に食用や薬用や油用として栽培されてきた。日本では縄文時代前期から各地で栽培がおこなわれ、当時の人々はエゴマを料理に混ぜていたようで馴染み深く、また食べると10年長生きするとのことで、ジュウネとかジュウネンとも呼んだり、もしくは荏《え》・エクサ・アブラエなどの呼称もある。

さらにエゴマは、認知症予防・血管の若返り・記憶力の向上・高血圧予防・悪玉コレステロールの減少・善玉コレステロールの増加・美肌に効能があるともいわれ、健康食のイメージが強い。

●生産者「軽米エゴマの会」の願い

到着したのは民家の一角にある広い作業場で、年配の女性3人と1人の男性が働いていた。

上柿さんから、作業の工程を説明してもらった。

畑からコンバインで収穫したエゴマの実は、乾燥させてから混ざっているゴミを風の力で取り除く唐箕《とうみ》で風選し、ネットに入れたまま大きな水槽できれいに洗い、脱水後に乾燥させてふるい選別で仕上げる。ここまでが生産者の役割で、男性は主に畑での作業をし、洗ったり乾燥させたりする作業は女性の仕事であった。

こうして仕上げたエゴマの実は、袋に入れて作業場の隣にある倉庫で低温貯蔵し、注文に応じて上

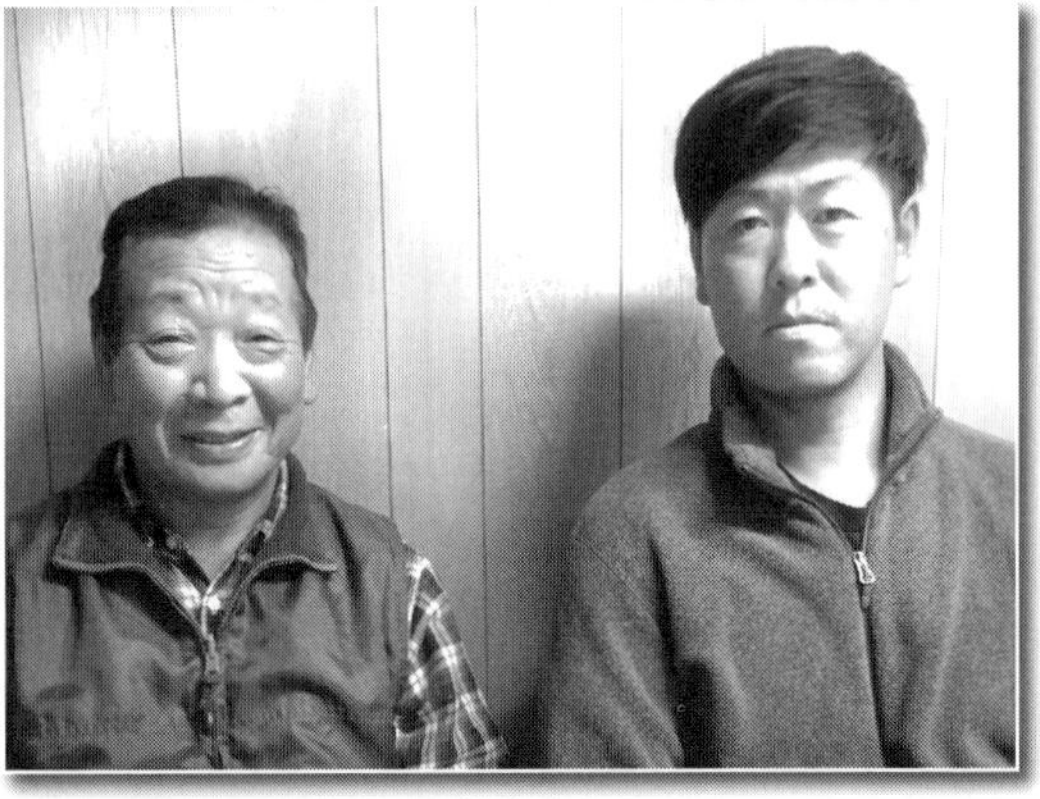

左から野中元栄さん、上柿津也さん

柿さんが古民家を改装した横の作業場で、電動の油圧式圧搾機を使ってエゴマ油にしている。

作業場にいた生産者の1人である野中元栄さん（73歳）にも参加してもらい、作業場の横にあるコンテナの休憩室兼事務所で、エゴマの生産や加工に関連する話を2人から聞かせてもらった。なお野中さんは、「軽米エゴマの会」の会長でもある。

エゴマの取り組みの動機について野中さんから説明があった。

「7年前のことです。今は70歳代になる6人の酒飲み友達が、いつものように楽しく団らんしていたときですよ。町の中に田畑の遊休地が増え、このままだと雑草が生い茂って農地がたいへんなことになるとの話になりました。

何かを育てることはできないかとなり、昔はエゴマがたくさんあって、各家庭で味噌やふりかけや葉の天ぷらなどで、美味しく食べていた話になりました。

また雑穀の里として地域興しを進めている町役場は、エゴマの実1キログラムに100円の推奨金や、畑には10アールに1万円を補助している話もありました。エゴマを食べて血液がサラサラになって健康になれば、本人だけでなく家族も喜ぶし、医療費も減らすことができて役場の費用も少なくなります。さらに農薬なしで栽培できるため、町が振興する無農薬の雑穀との輪作ができる最適な作物です。

そこで町民が健康になり、新しい仕事ができて我々リタイア組に少し収入のあるエゴマの生産を決めたのです」

お酒を片手に楽しく語り合った6人には、農家だけでなく元船乗りもいれば建設会社の社長や元町会議員などと多彩である。野中さんは、ニワトリの肉などを扱う会社の専務をしていた。こうしてエゴマ事業は確かな歩みを始めた。

エゴマ生産の事業化には、定植機やコンバインなど必要な機械がいるし、関連する肥料代や施設などもかなりの金額になる。調べるとそのための農水省の補助金制度があり、いくつもの書類を作成して行政の援助を受けることが決まり、エゴマ事業はスタートした。

ただし、全ての経費に補助金が出たわけでなく、施設や補助金対象外の設備などで約2500万円の投資が必要であった。これは上柿さんの父親が経営する建設会社で出資し、貸与を受けたアグリ開発がリース料を払っている。

もちろん商品化した製品を販売することが大切で、役場も町の特産品として独自に開発し、株式会社軽米町産業開発を設立して県内外に販売や宣伝活動をしている。

生産者の将来像についても野中さんは熱く語ってくれた。

「今は私たち高齢者で生産していますが、いずれ歳をとって作業が難しくなります。そこで経営を軌道に乗せ、早く若者にバトンタッチしたいものです。住民からは『荒れ地が減って景観が良くなった』とか、『猪などの害が少なくなった』との声が多くなり嬉しいですね。

まだいくつも改善する課題はあって、エゴマの生産では毎年1年生ですよ」

エゴマの育成と収穫

手応えを感じている野中さんは、さらに話を続けた。

「エゴマの生産で、大変さが2つあります。

1つ目が苗の植え付けです。種を直接畑へ散布する方法もありますが、これでは機械の雑草取りができず成長が不十分になります。そこで専用の機械で植えますが、苗の成長が早くて1日に1センチ伸びるので、すぐに植えないと背丈が大きくなって機械の装置に合わず定植ができなくなるのです。

エゴマの植え付け（アグリ開発提供）

2つ目が、収穫のタイミングですよ。エゴマは開花後の1カ月ほどで収穫適期になり、実が熟成すると種を保存させるため自ら殻を破って飛び出てしまいます。それを心配して早めに収獲すると、実の成熟が弱く油の量が少なくなってしまうのです。

定植も収獲も雨が降ればできなくなるので、作業をいつするのか判断するのがたいへんですね。それに機械を使っても対応できる面積は限られていて、コンバインでは1日に70アールが限度で、10ヘクタールも栽培していると、どこからいつ作業を開始するか決めるのに苦労します」

毎年雨や気温などの気象条件は変化するし、場所によって日当たりや土壌も微妙に異なるから、マニュアルや前年通りに作業すれば良いわけではない。判断を間違うと収量に影響が出るから、慎重に決めなくてはならない。

そうしたいくつもの作業を、エゴマの会ではできるだけ共同作業で効率良くしていると野中さんは話してくれた。

「昨年は5人で15ヘクタールを作りましたが、いろいろあって今年は4人で10ヘクタールとなりました。忙しいときは助け合って合理的に仕事を進めるため、苗づくり、苗の植え付け、収穫は皆で集中しておこない、草取りだけは個別に各自でしています」

生活の営みを効率良く維持していくため、昔はどこの村でも「ゆい（結い）」や「もやい」といって、皆が協力し田植えや稲刈りなどを共同で作業していた。その助け合いの精神が、エゴマの会につながっている。ちなみに沖縄で今も続く互助精神の「ゆいまーる」は、「ゆいが廻る」ことが語源との説がある。さらには生協を含めた協同組合の助け合いの考えにもつながっている。

生搾りエゴマ油

アグリ開発による古今東北の商品が「**岩手県軽米町産生搾りエゴマ油**」である。上柿さんが、その作業を実際に見せてくれた。エゴマを白い布に包んで圧搾機へセットし、電源を入れて少しすると周囲から黄金色の半透明の油が出てくる。添加物や熱もまったく加えてないので、栄養素はそのままの安全で純粋なエゴマ油である。

1時間かけこのセットを2回繰り返して30％の油を取り出すと作業は終わり、圧搾した円盤状の残りを横に積み上げていた。

上柿さんの説明である。

「油圧機の限界まで圧搾すれば、残りの10％の油を取り出すことはできますが、機械に負担がかかって故障しやすいのでこの程度にしています。

ところで圧搾した残り物は、普通は滓《かす》と言いますが私はその言い方は嫌いで、脱脂エゴマと呼んで有効に利用しています。殻にはまだ10％の油が含まれているので、粉末にして製品に加えれば香りもするし、エゴマの効能を十分に発揮することができます。古今東北さんの商品では、『**岩手県軽米町産えごま入り　コロッとサクッとえごま黒糖かりんとう**』にも利用しています」

油を取り出した後の殻を、粉末にして有効利用していることを私は知らなかった。それでもドレッシングやかりんとうに利用しているのは一部で、燃料用にも流している。廃棄処分ではないが、これだけ手間を掛け生産したエゴマを燃やすのはもったいない話である。何か他の商品との組み合わせをすれば、健康食品としての相乗効果をより出すことができる。白エゴマの殻は白いので、粉末にして混ぜても素材に違和感はない。

上柿さんのこだわりは他にもあって説明してくれた。

「エゴマには白と黒の2種類があって、黒くて小ぶりな黒エゴマは1キロから340グラムの油が取れますが、白エゴマでは300グラムほどです。このため以前は黒エゴマを使っていたのですが、粒が黒より大きい白エゴマは、厚く硬い殻に覆われているため酸化しにくく、味が安定してクセの少ないあっさりとした油になるので2年前から替えました」

経済合理性だけを考えれば、収量の多い黒エゴマを普通は使用するだろうが、どこまでも質にこだわる上柿さんの気持ちがすがすがしい。

圧搾までは機械だが、それ以降の作業の計量してから専用の瓶詰めや、封印した後のラベル貼りや製品点検は全て手作業である。このため注文が多いときは上柿さん1人で対応できず、3人の子育て中のパートナーにも手伝ってもらっている。

人体に欠かすことのできない不飽和脂肪酸のリノレン酸を、多く含んでいる生搾りのエゴマ油は、澄んだレモンイエローのようにきれいな色をしていた。

●脱脂エゴマ

なお脱脂エゴマの粉末を加えている古今東北の商品は、150余年各種調味料を製造している福島市の内池醸造株式会社が、自社醤油のコクと香りを活かしてクリーミーですっきりした風味にし、野菜や食材にからみやすいように工夫した「**岩手県軽米町産えごま使用　とろ〜りえごまドレッシング**」がある。また1955年の創業以来かりんとうを製造する埼玉県にある金崎製菓株式会社は、「**岩手県軽米町産えごま入り　コロッとサクッと　えごま黒糖かりんとう**」を手掛けている。

こうして古今東北によってアグリ開発の販路が確率したことで、経営が安定したと上柿さんは喜んでいた。

取材の後で上柿さんが町中にある軽米物産交流館に案内してくれて、脱脂エゴマの粉末を加えた商品のいくつかを見た。購入した「えごま濃厚ジェラート」と「えごまフィナンシェ」を、町の旅館で口にした。

ほどよい甘さと上品な香りが口の中にふわっと広がり、上柿さんや野中さんの笑顔が浮かんだ。

03

秋田県産白首大根使用　パリコリいぶりがっこ

自社農場産などの白首大根に限定し、使いやすいハーフタイプにした

●いぶりの里を訪ねて

鶴岡を朝出てＪＲ線を使い、秋田駅経由で大曲駅へ昼前に入った。全国的にも有名な当地の花火を残念ながら見たことはないが、ニュースなどでその規模の大きさは私も知っていた。初めて降りた駅構内やその周辺には、「大曲の花火」の写真や展示物がいくつもあった。その中のあるポスターをふと見ると、夏だけでなく毎月のように近くの場所を替えて花火大会を開催しているので驚いた。

株式会社いぶりの里工場長の佐藤ゆみ子さん（66歳）が、駅まで迎えにきてくれ、15分ほど車で走り農村の一角にある作業場を訪ねた。

秋田の方言で漬け物のことを「がっこ」と言い、かつては「燻《いぶ》り大根漬け」と呼んでいたが、いぶり

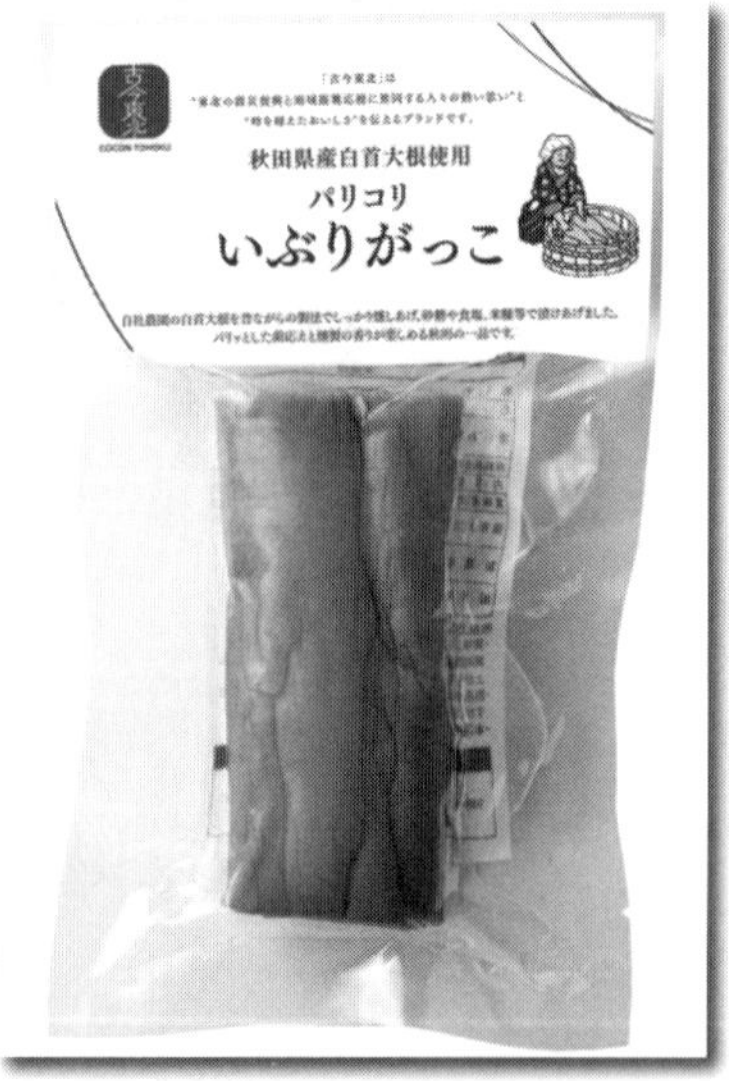

秋田県産白首大根使用
パリコリいぶりがっこ

がっことは、燻した漬け物から変化した名称として1967年から市場で使うようになった。古くからご飯やお茶請けに、また酒のつまみにと親しまれている独特の漬け物である。

品質管理も担当する佐藤さんから、会社設立のいきさつなどについて教えてもらった。

「化学肥料や農薬を使わずに大根を作って、以前はいぶりがっこのメーカーに納めていました。町中にあるそのメーカーで臭いの問題から生産が難しくなり、頼まれて下請けとなっていぶりがっこを作ることになりました。

するといくつもの食品添加物を使っていることが分かり、せっかく無農薬で安心安全な大根を作っても、これでは台無しだと感じました。高齢社会が進んで歳をとった人は食事の量が少なくなり、安くて多く食べることよりも、いくらか高くても安心で安全な食べ物を欲しがります。私だって、添加物の入ったいぶりがっこを食べたくありません。

そこで消費者に届くまで、きちんと責任を持って商品にしようと、2006年に会社を設立したのです。私も農家で大根を作っていましたが、社長から頼まれて当初からここで働くようになりました」

自分が安心して食べることのできる食品を作りたいとのことで、私も共感できた。

試食に出てきたいぶりがっこを口に入れてポリポリ噛むと、ふわっと口の中に燻製の香りが広がった。化学調味料を使ってないので、舌に残る甘さはなく円《まろ》やかであった。

作業服姿で忙しい代表取締役の井上時雄さん（72歳）が、椅子に座ったので話を聞かせてもらった。

「以前は葉タバコを作っていましたが、先のことを考えて大根に切り替えました。いぶりがっこを安く作るため大半の会社は、昔から人工甘味料のサッカリンやグルタミン酸ナトリウムを今も使っていますが、ここでは砂糖やこんぶで仕上げます。他に利用するのは昔ながらの米糠《ぬか》と塩だけですから、とても安全で安心して食べることができます」

井上さんは、言葉を選びながら静かに話してくれた。

●いぶりがっことは

「秋田の内陸のここでは、冬になると1・5メートルもの雪が積もり、太陽も出ない日が多くて天日干しもできません。そこで昔は各家庭の囲炉裏の上に大根を吊り下げ、燻した保存食がいぶりがっこでした。このためいぶりがっこには、500年もの歴史がありますよ。

そのことを認定したのがこのGIシールです。似たような商品はいくつもありますが、きちんとした作り方である品物にしか貼ることはできません」

いぶりがっこの袋の上を指しながら井上さんが強調したのは、直径が3センチメートルほどの白地に赤字で書いたシールで、中心に日本地理的表示GIとあった。

特定の産地と品質で結び付きのある農林水産物と食品等を守り、生産者の利益と利用者の信頼を保護することが目的の、2014年の「特定農林水産物等の名称の保護に関する法律」（地理的表示法）に基づいている。

秋田県いぶりがっこ振興協議会が、2019年に登録番号第79号として認定された概要は以下である。

〈いぶりがっこは、大根の乾燥工程を燻製でおこなうという秋田県独自の製法で造られたたくあん漬けである。大根を、低温でゆるやかに燻した後に漬け込むことで、独特の香ばしい燻しの香りとパリパリとした食感が楽しめる。

低温で燻した大根は、中まで適度に煙が行き渡るとともに全体がムラなく乾燥する。この大根を40日以上糠床へ漬け込み、真冬の冷気の中でゆっくり乳酸発酵させることで、大根の内部まで糠床の旨みが十分に浸透し、大根本来の甘みを引き立てている。香ばしい燻しの香りと大根の甘みが一体となった独特の風味を有するいぶりがっこは、秋田県内では常備食とされているが、野菜を燻して漬け物にする食品は、日本のみならず世界でも稀少である。

井上時雄さん

原材料は国内産の大根を用いる。

製法・工程は、

①原料である大根を、香りや色づきが良い楢《なら》や桜などの広葉樹を用いて昼夜2日以上燻す。

②燻し終えた大根は、糠床に40日以上漬け込み、低温で長時間、発酵・熟成させる。

③使用する食品添加物は自然由来のものを基本とし、甘味料のサッカリンおよびその塩類、着色料の食用黄色4号や食用黄色4号アルミニウムレーキ、保存料のソルビン酸およびその塩類は用いないものとする〉

またここには、いぶりがっこの歴史の概要についても以下のように紹介し参考になる。

〈最終製品がたくあん漬けの「いぶりがっこ」は、食料を生産できない根雪期間が長い秋田の冬の常備食として、厳しい気候風土の中で育まれてきた伝統食品である。

一般的なたくあん漬けは、天日で乾燥した後に漬け込むが、秋田では湿度が高く大根が干しにくく、大根が収穫される晩秋から初冬にかけて降雪が多く、天日乾燥ができないだけでなく凍結の恐れもある。このため梁に大根を下げて囲炉裏の煙で干し上げて漬け込む独自の手法が定着し、「燻り大根漬け」として秋田の農家に伝承されてきた。

薪《まき》ストーブが普及すると「燻り大根漬け」は家庭ではできなくなったが、１９６５年頃にはその味を懐かしみ商品化を望む声が出て、県内の漬け物業者によって商品化が進んだ。

独特の香りや食感が洋食にも合うことから、県外での人気も高くなり、全国的に漬け物の生産量が減少する中で生産量を伸ばしている〉

冷蔵庫が家庭に普及する前に雪国の秋田では、食料が不足する厳冬期を乗り切るため、塩や味噌や醤油などで食料を漬ける保存食文化が発達した。その１つが大根を天日干しにして漬け物にするたくあんで、秋田は冬に日照時間が少なく、氷点下となる雪深い中では大根を干すことができない。そこで家の中で燻して乾燥させて漬け物を作った。冬の寒さや雪にも負けず家族で美味しい品を食べたいという、まさに秋田県人による生活の知恵の結晶である。

いぶりがっこのブランドの確立や、品質の向上と均一化などを目的に設立した秋田いぶりがっこ協同組合は、以下の定義をしている。

①秋田県産の桜や楢の木などの広葉樹で燻製する。②秋田県産の米糠床につけることとする。③原料の大根は国産の白首大根とする。④燻製の大根は水分50％以上乾燥させたものとする。

かなり厳密であり、ここまでしないと利用者の信頼を得るブランド化ができないのだろう。この定義は、古今東北の「**秋田県産白首大根使用　パリコリいぶりがっこ**」にも十分活かされている。

いぶりがっこ作り

佐藤さんに案内してもらい、作業場の中を歩いて回った。

まず作業場の裏では、木製の大きな木枠に入った白首大根を、細長いシンクの中の冷水で洗っていた。

いぶりの里

「最近のいぶりがっこには、作りやすい青首大根を使う人もいますが、ここでは昔ながらの堅くていぶりがっこにしたとき美味しい白首大根を使っています。自分たちで育てたものか、もしくは契約栽培農家が育てた品が全てです。

大根を洗い終わると満遍なく燻製させるために、太いものから細い順に手作業で縄編みします。縄編みすると、次に専用の部屋の中に吊るして燻しです」

一般的には大根の収穫が終わった秋から冬にかけて作るいぶりがっこだが、ここでは植える時期や委託先を変えるなどで収穫時期をずらし、年間を通して安定的にいぶりがっこを製造している。なお自社農園では、全ての大根を農薬8割減で栽培している。

細長い作業施設は、大きなビニールハウスの中にあり、入った佐藤さんは奥まで進んでいくつかある開き戸の1つを開けて内部を見せてくれた。部屋の中には、横にした大根10本ほどを吊るした縄が何本も梁から垂れ下がり、横半分に切ったドラム缶を地面に置き、中から火の付いた楢が煙を出していた。鉄筋の柱や板張りの壁などは、煙による煤《すす》でどこも黒くなり、ムッとした燻製の強い匂いがあたり一面に漂っていた。すると佐藤さんが話しかけてきた。

「あまり近くにいると、服に匂いが付いてしまいますよ。

ここは大根に香りを付けて、水分を飛ばすために最も大切な作業の場所です。そのときの大根の品質や気温、湿度等に応じて火加減を調整し、大根だけでなく薪の位置を時々ずらしたりして、2日から3日間かけて、昼夜燻し全体を均等にする職人的な技術があります。このため機械化して大量生産することはできません」

太さや長さが異なる大根を、均一に燻すのはなかなかできることではない。経験と勘によるたいへんな技が備わってのことだろう。

燻製の終わった大根は、隣の作業場へ移してブルーの大きな樹脂製容器に手作業で並べながら、米糠や砂糖や塩などで作った糠をていねいにまぶし漬けていく。こうすることで大根の水分が染み出て、2カ月間ほど乳酸発酵して味ができあがる。

糠床から取り出すと水洗いして糠を落とし80℃の湯で殺菌して、大根の両端を切り落としガス抜きして水で冷ますと、いぶりがっこの完成である。

こうして自社生産の大根をいぶりがっこの商品にしているいぶりの里は、2014年に公益社団法人秋田県農業公社により、6次産業化・地産地消法に基づく秋田県6次産業化サポートセンターの認定事業者となった。

●大根畑

取材を終えた私を、ホテルまでまた佐藤さんが車で送ってくれることになり、せっかくなので途中にある大根畑を案内してもらった。堤防から降りた河川敷の広大な畑で、堆肥を積み上げた先に一面の大根が緑の葉を付けて広がっていた。

いぶりの里のある日のブログには、写真と一緒に大根畑について以下のように触れている。

〈間引き作業は過酷!! 連日30℃を超える炎天下にお母さん方もがんばっております。約一カ月間8ヘクタールの大地で腰を折っての作業をがんばってもらっています。後もう少しで終了ですが、マジで暑い!! 除草機使ってもやっぱり草は生えてくる。大根より短い草は気にしない。大根より背が高くて群をなすようであれば人手で取る。今年は新顔が出た。農産の畑では初めて見た。名前がわからないのです。今年の夏は虫たちと野草がとにかく元気。群生している所々、草取りしました。有機堆肥を使っているからか、生えてくる草も知らないのがある。連日の真夏日であおむし異常発生。葉っぱが食べられて可哀相な姿になってしまいました。今日やっと雨が降り少し涼しくなったけど大根大丈夫かな。あまりの被害に薬剤散布した。大根収穫機で作業です。全部収穫目指して雨が降ってもひたすら掘ります〉

苦労している様子がよく分かる。

伝統の食文化を守るのは、こうした地道な作業をしてくれる人々のおかげだと実感した。

秋田県産大豆(リュウホウ)一〇〇%使用　ふくうま大粒納豆

大豆リュウホウに限定して、美味しい豆の味を引き出して大粒でも柔らかな商品にした

●ヤマダフーズを訪ねて

奥羽本線の小さな飯詰駅からタクシーに乗り、主に納豆を生産している株式会社ヤマダフーズの本社工場へ向かう。途中で運転手に聞くと、「この地方では農業以外にこれといった産業はなく、ヤマダフーズが一番の企業」とのことであった。左右の田畑を眺めながら走っていると、広々とした田園風景の中へ大きな建物が現れて運転手の話を実感できた。

正面玄関に入ると吹き抜けの広いホールには、古代ギリシャの壁画やヴィーナス像を飾ってあり驚いた。まるでどこかの博物館にでも来た気分に私はなり、食品メーカーだけでない何か深いこだわりを持っているのではないかと感じた。

会議室で対応してくれたのは、代表取締役3代目

秋田県産大豆リュウホウ 100%使用
ふくうま大粒納豆

の山田伸祐さん（44歳）、秋田工場長の伊藤伸也さん（40歳）、古今東北の窓口である営業部の佐藤啓さん（52歳）であった。

テーブルの上には、英文も付いているカラー刷りの会社案内パンフレットや、代表商品である「おはよう納豆」などの商品が並んでいた。

山田さんが、まず会社の設立当初について話してくれた。

「戦後に農業をしていた祖父母は、子どもが5人いるし、その中には女の子が2人いていずれお嫁に出さなくてはならず、貧しい暮らしをしていました。そこで副業としてソバやうどんや炭酸飲料にも手を出しましたが、どれも失敗して最後に残ったのが納豆でした。

当時はどこの家庭でも、大豆を畑で育て家のコタツの中で納豆にし、雪の下で保存して食べていたものです。やがて農家の男性たちが、冬場は都会へ出稼ぎに行ってお金が回るようになり、納豆を商品化したら商売になると考え、１９５４年に地名を付け金澤納豆製造所としてスタートしました」

『ヤマダフーズ50年のあゆみ』によれば、自家製の大豆を使い総勢４人で三角形の経木納豆を作り、当初は自転車に乗せて近くの町や村を回りながら販売していた。その小さな家内工業が、今では東北や首都圏だけでなく海外にまで商品を流すようになっている。

どのようにして発展してきたのだろうか。山田さんの説明は続いた。

「2代目で今の会長が社長の頃に、商品開発と営業に力を入れて今日に至る発展の基礎を創ってくれました。会長は高校卒業後に八ヶ岳経営伝習中央農場で学び、視野を広げてからは行動力を活かし、商品を入れた鞄を持って予約なしの飛び込みで東京へ営業に行きました。

それでも水戸納豆のブランド力が強く、ずいぶん悔しい思いをしました。そこで秋田の強みである

左から伊藤伸也さん、佐藤啓さん、山田伸祐さん

『ひきわり納豆』を前面に出し、やっと大手の小売業にも扱ってもらうことができました。他には回転ずしやコンビニなどの業務用納豆として、チューブ状の袋から絞り出して使う商品を開発し、これが当たって我が社が約7割という大きなシェアを今は占めています」

自社製品の強みを活かして差別化を進め、また時流に乗った商品開発が成功した。

●納豆は

ところで納豆は、よく蒸した大豆を納豆菌で発酵させた日本人にはなじみの食品である。

納豆の歴史では、大豆とワラが身近にあった弥生時代には、納豆に近い食物がすでにあったとの考えや、聖徳太子が馬の飼料の残りの煮豆を、ワラの容器に入れておいたらできたとの説もある。また秋田には、11世紀にある武将が出陣したとき、馬に付けた煮豆を入れたワラ製の俵から生まれた伝説もあり、ヤマダフーズではこれを納豆発祥として、地域の伝統文化を大切にしている。

納豆は日本独自の食品と考えやすいが、インドネシアの伝統食テンペなど類似の発酵食品はアジアの各地にいくつもあり、仏教の伝来と一緒に入ってきたとの説もある。稲ワラ１本には約１０００万個の納豆菌が付着し、束ねたワラに煮豆を詰めて一定の温度があると発酵し、納豆菌が増殖して豆からネバネバと糸を引く。

こうしたことから考えると我が国における納豆の誕生は、必ずしも1カ所ではなく冬場の保存食が必要であった各地で、いくつかあったと捉えた方がいいのではないだろうか。

また納豆には、人が健康を維持するための5大栄養素の全て、さらに第6の栄養素と言われる食物繊維も豊富に含まれている。また血栓を溶かして悪玉コレステロールを減らしたり、血圧を下げたり骨《こつ》粗《そ》鬆症《しょうしょう》を予防するなどの研究報告もあり、健康食品としても注目を集めている。

全国納豆協同組合連合会が、２０１９年に発表した「納豆に関する調査」報告書では、納豆の食頻度について、2~3日に1回が20・6%、1週間に1回くらいが16・1%、毎日は15・1%、全く食べないは14・4%とあり、多くの人々が好んで利用している。

同連合会は、毎年納豆健康学セミナーを主催して、２０１９年は東京都で第15回目を開催しているし、また7月10日を語呂合わせで「納豆の日」に制定している。

納豆は海外でも関心を集め、１９９４年秋田市で開催の第3回アジア無塩発酵大豆会議は、「納豆は地球を救う」をテーマにし、「人口増加と食糧難に悩むアフリカを支援するため、大豆の生産・加工技術などの普及を推進する」と決議した。

●ヤマダフーズのこだわり

ヤマダフーズは、厳選した大豆を使用し、東北一の生産量を誇って全国の5本の指に入り、「食べ物は美味しくなければならない」のこだわりのためいくつも工夫をしている。雑菌の混入をシャットアウトし、大豆の洗浄から製品の出荷までコンピューターで集中管理する工場は、約40種類の商品を製造し、国内だけでなくアメリカ、中東、ヨーロッパなどへ輸出している。

ここまで発展してきた要因についても山田さんが話してくれた。

「当社にとって大切な大豆や水や納豆菌は全て自然の恵みです。自然の恵みに感謝しつつ、その恩恵を存分に活用する企業姿勢を表すため、当社のコーポレートメッセージは『自然の恵みを科学する』としています。

極小粒から大粒大豆やひきわり大豆まで、あらゆる粒形ごとに最適な発酵条件について研究を重ね、それぞれに最適な発酵技術で美味しい納豆をお届けすることができます。祖父母が創業した頃は経験と勘に頼る物作りでしたが、父は納豆の旨み、粘り、匂い、見た目、堅さなどの品質に数値基準を設け、一定の品質で大量生産するための製造方法を開発し、納豆菌についても勉強や研究を重ねてきました。

1986年にヤマダフーズ食品開発研究所を設け、野外で納豆菌を探すこともあれば、研究室で有用な納豆菌の選別や改良にも取り組み、新商品につながる製造方法の開発もしています」

ヤマダフーズ（ヤマダフーズ提供）

会長は自ら全国の大学や研究機関から情報を集め、納豆の発酵の仕組みを研究した。その流れを研究所の設立につなげ、納豆業界でもいち早く自社開発菌を研究し、より品質のすぐれた商品開発を目指しているからその探求心には驚く。

枯草菌の一種である納豆菌は、ワラなど枯草だけでなく土や稲の切り株など日本中のどこにでも生息している。各地に研究員は出かけ、常に新しい納豆菌を採取しているからその努力は中途半端でない。

同研究所は、冷凍して長期保存を可能にした「アイススティック納豆」などを開発し、臭いが苦手な外国人にも食べやすい納豆の開発を進めている。

バイオテクノロジーの手法も活用し、納豆による日本と世界の食文化に貢献し続けている。

使用する安全安心な大豆の確保も大切なテーマで、山田さんは話を続けた。

「研究を進めて画期的な商品を開発しても、それを大量に生産するためには、必要な大豆の安定的な確保がなくてはなりません。扱っている納豆や豆腐のそれぞれの商品ごとに最適な大豆は異なって、粒納豆とひきわり納豆でも違います。このため毎年50種類以上もの大豆の加工適性を調べ、常に厳選して使用しています。

こうして年間で使う大豆は全体で1万3000トンで、その9割はアメリカとカナダからの輸入です。世界的には遺伝子組み換え大豆の作付け面積が拡大傾向にあり、安心できる大豆の調達は困難になりつつあります。そこで当社では、日本人の食卓が求める安心に応えるため、遺伝子組み換えされていない大豆品種を契約栽培して、他の大豆と混ざらないように現地での生産から日本への物流過程も含めて分別管理をし、自社で管理する倉庫に保管しています。

大豆の1割は国産で、秋田県産が約1200トンと北海道産が約700トンです。秋田県産大豆では、生産者の顔が分かる大豆を使いたいと願い、地元の農家さんと相談しているところです」

工場の近くの農家へ栽培を持ちかけていることからも、ヤマダフーズの大豆に対するこだわりの強さを知ることができる。

会長が自らの実践に基づき書いたという経営の本3冊をいただき、後日読んだ。どれも興味深い内容で、その一部が納豆進化論と脱・納豆による経営戦略であった。

納豆進化論とは、食卓に並ぶ発泡スチロールのパック3個組の一般的なものだけが納豆ではないとし、コンビニでの販売も視野に入れ、手軽に食べられる冷凍の納豆スティックを開発して販売を始め、粘りけも抑え関西や海外にも通用する商品にしていることが一例である。

他方の脱・納豆では、商品開発を納豆以外にも広げ、2004年には新工場の「匠の味工房遊心《ゆうしん》庵《あん》」を造り、おはようブランドで豆腐や湯葉などの製造も始めた。

ヤマダフーズは常に積極的な企業戦略を展開している。

●工場見学

私は白衣とキャップを着けて長靴に履き替え、伊藤さんと佐藤さんの案内で広い工場の見学をさせてもらった。入り組んだ通路を歩きながら、大豆が納豆になって出荷するまでの工程を見てまわった。工場内はクリーンルーム設計で、外からのゴミが入り込まないように気圧は高めに設定してある。

清掃が行き届いて衛生管理が徹底しているのはもちろんだが、大豆の浸漬や蒸し煮、納豆菌の接種やパッケージへの盛り込み・発酵・ラベルの包装など、大半の工程を機械化して時間や温度を自動管理していた。

「いくつか我が社独自の装置があり、その1つがひきわり大豆を蒸し上げる連続蒸煮缶《じょうしゃかん》です。釜のような蒸し器ではなく、丸くて細長い釜を使って上から大豆を入れ、缶の中で回転させながら蒸気で蒸らします。大豆は長く空気に触れると酸化するのですが、この設備だと短時間で蒸すことができるので、自社のひきわり納豆は美味しいしきれいな乳白色なんですよ。食べてみると分かります」

そう言って伊藤さんは、連続蒸煮缶から蒸しあがった大豆を、少し容器に取り出して私の前に持ってきてくれた。口に含むと大豆の甘さが広がった。

1996年に完成した茨城工場では、全長約170メートルの自社開発の生産ラインで、全ての工程をコンピューターで管理し超合理化している。

●ふくうま大粒納豆を食べて

後日に私は、古今東北の「**秋田県産大豆（リュウホウ）一〇〇%使用　ふくうま大粒納豆**」を食べた。秋田県産大豆リュウホウに世界遺産の白神山地からとった納豆菌を使い、大豆の芯まで柔らかくなっていて、それでいて適度な食感を残し大豆の豊かな旨みも感じた。ひきわりや小粒と少し異なった美味しさがあり、納豆を食べる楽しさが広がった。

他にヤマダフーズでは、どちらも秋田県産大豆（リュウホウ）一〇〇%使用の「**つるうま絹とうふ**」と「**ふわうまひきわり納豆**」を古今東北の商品として製造している。

長い歴史と同時に、世界へも広がりつつあるヤマダフーズの納豆をゆっくり噛みしめることができた。

05

三陸産 ふっくら寒さばのひもの

原料サイズにこだわらず、漁獲時期を選びながら脂の乗りが良いさば原料を使った

大槌《おおつち》町を訪ねて

岩手県沿岸のほぼ中央にある大槌町は、古くから漁業が盛んな港町で、NHKのテレビ番組「ひょっこりひょうたん島」のモデルともいわれる蓬莱島《ほうらいじま》もあれば、「天国に繋がる電話」として2020年に上映となった映画『風の電話』（監督 諏訪敦彦）の白い電話ボックスも実在する。

東日本大震災では三陸の中でも特に被害が大きく、大槌町が発表した2020年9月のデータでは、死亡者数1234人（身元判明821人・行方不明413人）、関連死52人で計1286人となっている。町長を含め役場の職員39人が犠牲となり、町役場機能がしばらく麻痺した。家屋の倒壊数は4167棟で、倒壊率は約65％にもなった。大槌湾

COCON TOHOKU
「古今東北」は"東北の震災復興と地域振興応援に賛同する人々の熱い思い"と"時を超えたおいしさ"を伝えるブランドです。
三陸産
ふっくら寒さばのひもの
岩手大槌の工場で、三陸の旬のさばを三枚におろし、独自の脱水製法でふっくらした干物に仕上げました。

三陸産
ふっくら寒さばのひもの

に押し寄せた高さ15・1メートルの巨大津波で、住宅地のある市街地面積の52％が浸水し、さらにその後の火災で壊滅的な被害となり、町は一時孤立した状態になった。

200人乗りの観光船「はまゆり」が、2階建ての民宿の屋根に乗っていた町でもある。町の人口は、2010年の1万5276人が、2020年は推計で1万8841人と3分の2にも減少している。

旅館から石山水産株式会社へ徒歩で向かう途中に、クローバーを一面に植えた旧役場跡地があり、献花を兼ねた慰霊堂の横には高さ1・5メートルの地蔵尊が立ち、2体の子地蔵が笑顔で見上げていた。私は合掌し読経させてもらった後でその場を離れ、小さな魚屋から出発した後は、地域のブランド魚を、国内だけでなく世界へ届けている石山水産の大槌工場に向かった。

●石山水産大槌工場

石山水産の新しい大槌工場に到着し、横の事務所で代表取締役の石山勝貴さん（43歳）と、大槌工場現場長の浅田誠さん（42歳）から話を聞いた。

まず石山さんから、会社の概要についての説明があった。

「東日本大震災により県内数カ所にあった全ての工場が被災し、製品も全部が流失しました。それでも製品を完全に市場からなくしてはならないとの思いから、いち早く同年の6月に青森県八戸市での仮工場で事業を再開させ、翌年末に岩手県山田町において本社工場の稼働を始めました。震災後は、同じ境遇にある地域の皆でやる気を出し合って、力を集めてここまで進めてきました。

また震災5年後には、ここの新しい大槌工場をスタートさせ、従来よりも加工度の高い製品の製造

左から石山勝貴さん、浅田誠さん

を始めました。事業を再開した時は、まだ周りには何もありませんでしたが、町も少しずつ復興して、しだいに住宅や商店街が駅周辺で完成し、震災前の活況を取り戻しつつあります。

山田町の本社工場が原料供給型の拠点であるのに対し、冷蔵倉庫を併設する大槌工場は、最終製品に加工する工場として位置付け、これまでにない洋風の製品など、末端の売り場向けブランドを立ち上げて新事業にも挑戦しています。

2カ所の工場をあわせると働いているのは38名です。弊社も被災地にある一員で、地場の水産加工会社として三陸の海の幸を最大限に活かし、今後も地元の景気回復や雇用を推し進めながら、良い商品を製造して地域の発展に貢献していくつもりです」

経営数値だけを考えれば、工場は大規模化して1カ所にした方が効率的である。それを本社の隣町とはいえ2カ所に分散させて大槌工場も開設したのは、何よりも地域貢献を考えてのことであった。それは2014年に、大槌町と石山水産で締結した立地協定書にもつながり、そこでは信義誠実の履行、建設への協力、周辺環境への配慮、地域の振興、雇用確保の協力、業務報告など8項目を書いてある。

地域貢献については、もらった資料の中で以下の会社指針にも明記してあった。

〈一、我々は安全・安心な製品を弛まぬ努力で製造・販売します。

一、現状に満足せず常にカイゼンを意識し取り組みます。

一、仕事に責任感を持ち安全第一に取り組みます。

一、常に衛生管理を心掛け清潔で整理整頓された職場を目指します。

一、我々は地場産業の復興に取り組み地域社会の貢献に協力します〉

また沿革として下記が資料にあった。

1868年…魚屋として創業

1892年…石山商店 有限会社化

1978年…資本金2000万円で石山水産として株式会社化

2011年…東日本大震災により全工場と事務所全壊、6月：青森県八戸市にて仮工場を稼働

2013年…岩手県山田町にて山田本社工場操業開始

2016年…大槌工場と営業冷蔵庫を操業開始

工場の内部にコロナ感染予防の関係で私は入ることができず、事務所のガラス窓から衛生管理の徹底した作業場を見させてもらった。

●三陸産ふっくら寒さばのひもの

古今東北の「**三陸産ふっくら寒さばのひもの**」についても、石山さんから話があった。

「親潮と黒潮の境目にある豊富な餌を食べ、産卵のため寒い時期に三陸沖を南下する戻りのさばは、

南下するにつれ蓄えた脂が魚体の隅々まで乗り旨みがさらに豊かになります。マさばの旬は通常秋と言われていますが、お薦めしたいのは冬の大さばです。大きなものであれば、マさばであろうとゴマさばであろうと冬にはたっぷりの脂が乗り、とても美味しく食べることができます。

ゴマさばは脂質が少なく、一年を通じて味もほとんど変わりません。ただ、マさばの味が落ちる季節に大量に漁獲されるため、ゴマさばは夏が旬とされています。

それに対しマさばは秋ナスに例えられ、『秋さばは嫁に食わすな』と言われたりもしますが、10〜11月のものを秋さば、12〜翌2月頃までを寒さばと呼びます。

三陸の近くの沖において定置網や水揚げの早い巻き網で獲るさばの中でも、旬のさばを超えてさらに脂乗りが良い『盛りのさば』を厳選して加工しています。その重さは300グラムから400グラムで、背中まで脂が乗り、その年によって漁獲量や漁獲時期がバラバラで、10日間ほどしか獲れなかった年もありました。鮮度と脂の乗りの良い魚を、製造工場の従業員全員で検食し、風味や食感なども含めて最も美味しいと評価された魚を使います。

さばの数量が少なくなって困ることもあり、厳選したさばを冷凍して蓄え必要なときに使っています」

魚を生に近い高鮮度で高品質のまま商品化するため、マイナス30℃のアルコールにパッキングした製品を漬け込んで凍結させる、急速冷凍装置のリキッドフリーザー「凍眠」を導入し、冷凍保管設備は国内だけでなく世界的にも有名な株式会社前川製作所が造り、冷媒は環境に優しいアンモニアを利用している。

冷凍技術の他にもこだわりがあり、次は浅田さんが説明してくれた。

「脂が乗った旬の時期のさばを3枚におろして、薄い塩味で旨みを引き出してから、鮮度を保ちながら脱水して旨みを凝縮し、原料から仕上がりまで熟練の職人が吟味してふっくらとした干物に仕上げています。

　加工当日は低い温度で鮮度を保ったまま、下処理や塩水への漬け込みをします。焼いたときに皮がパリッと身はふっくらとなる秘密は、漬け込み後のさばから水分を抜く方法にあり、身の部分と皮の部分で異なる種類の特殊な脱水シートを使っています。空気との接触を少なくして酸化を抑え、低い温度で脱水しながら一緒に熟成させていきます。低い温度帯での製造は、身の負担が少なく鮮度も保つことができ、ふっくらとした焼き上がりの柔らかいホクホクで旨みのある干物を作ることができ、もちろん脂の乗りもいいです。

　ある程度水分を残した状態に仕上げるため、時間や温度の管理に十分注意しています。だいたい1時間くらいの熟成後は、一昼夜冷凍してから包装や各種検査して梱包します。

　社内の持てる知識を集め、一所懸命に知恵を絞って考え抜いて生み出したこの製法で、やっと特性を活かせるようになりました」

　皮のある外側をパリッと焼き、それでいて内側の身はふっくらとなるように仕上げるには、こうした工夫があった。

石山水産大槌工場（石山水産提供）

業務用オーブンを利用して実際に試食させてもらったさばの干物は、パリッとした皮とふっくらした身で、美味しく食べることができた。

●復興にかける思い

浅田さんの大槌の復興にかける思いは強い。

「東日本大震災で被災して職を失った方々に、なんとか仕事を作らねばという思いから、石山水産の加工工場を本社の隣町の大槌に造り、地元雇用を積極的に進めてきました。

地元の食材を活かした商品を開発し、全国へ届ける業務を通じて地域の雇用につなげています。温かいご飯に鮮度抜群で美味しい丼の具として、地元の魚を食べやすく開発しています。

今後は地域で取り組んでいる養殖鮭を活用し、地元の良さをもっと宣伝していきたいと考えております。大槌の雇用を増やし、石山水産の商品を食べて育った子どもが、将来は石山水産で働いてもらえるように、地域の皆さんと一緒に成長していきたいものです」

復興に関わる取り組みの1つとして、8年ぶりに再開した三陸鉄道株式会社との共同開発商品があると石山さんが紹介してくれた。

「三陸には昔から魚を刺身にして食べる以外に、好みの漬けにする食文化があります。さんてつの愛称で親しまれている地元の三陸鉄道の全線開通を記念して、ブリとタラの漬け丼の具を2020年春に開発しました。地元の新たな特産品を目指したこの商品は、地域のある新聞に『三陸味わう漬け丼の具　全線再開に合わせ三鉄が新商品』としてカラーの写真付きで紹介されました。他にも『漬け丼の具』は、大槌町のふるさと納税でも寄付されたたくさんの方に選ばれ、お礼の品として全国へ届けています」

１９８４年に開業した第三セクターの三陸鉄道は、盛駅と宮古駅間の92キロメートルの南リアス線と、宮古駅と久慈駅間の71キロメートルの北リアス線で成り立ち、東日本大震災の地震と津波で、鉄路や駅舎などに１００億円以上の大被害が発生し、全線でしばらく運転不能になっていた。

青森県の青い森鉄道が、１日限定で三陸鉄道の車両を借り入れて、八戸と青森間を特別列車として運行したり、クウェートからの支援で昭和初期のイメージの新型レトロ車両を導入したこともあり、２０２０年３月にやっと全線が回復した。外側を紫色で装飾したレトロ列車に偶然私は乗ることができ、短い旅であったがゆっくりと楽しませてもらった。

なお石山水産の商品は、漬け丼の具（７種）＆お刺身セットとして、漬け丼タラ（しょうゆたれ・ごまたれ）、漬け丼ブリ（しょうゆたれ・ごまたれ）、漬け丼トラウトサーモン（しょうゆたれ・ごまたれ）、漬け丼しらす、漬け丼しらす用のたれ、しめさばスライス、炙りしめさばフィーレが、〈三陸の旬をご家庭でも！　簡単、おいしい漬け丼の具とともにお刺身もどうぞ！〉のキャッチフレーズが付いて、大槌町のふるさと納税寄付対象品にもなっている。

石山水産大槌工場では、古今東北以外にも「さばのみりん漬け」や「しめさば」など、震災後に始めた加工度の高い製品を生産しつつ地域の復興を進めている。

06

陸前高田産ひとめぼれ使用　特別純米酒 うまみふくよか原酒「復蔵《ふくぐら》」

被災地の酒蔵支援の商品で、陸前高田市でやっと収穫できた米に限定したお酒

●酔仙酒造株式会社を訪ねて

２０２０年10月中旬の昼過ぎに、大槌駅から三陸鉄道に乗って釜石で乗り継ぎ、終点の盛駅で下車しタクシーで酔仙酒造に向かう。

北側にある山に向かって15分ほど走り、街道から少し山へ入って登った場所に、瓦屋根で新しい大きな建物があった。敷地面積約９０００平方メートルに鉄骨造り２階建てで、建物の延べ床面積は約３７００平方メートルもある。正面の白い壁の上部に酔仙とあり、玄関には酒蔵の印でもある杉玉が吊るしてあった。入口の左右の白い壁面には復興理念として、赤ん坊のようにまっさらな気持ちでひたすら真っ直ぐに進むことを意味する「赤心愚直」と、品質にこだわる「絶品追求」と書いたプレートがそれぞれ掲げてあり、凛としたものを感じさせる。

１階フロアの直売所には、代表

陸前高田産ひとめぼれ使用
特別純米酒
うまみふくよか原酒「復蔵」

商品である活性原酒「雪っこ」の他に、純米大吟醸、大吟醸、純米吟醸、特別純米酒、純米酒、本醸造、酒匠吟醸、上撰酔仙など20種類ほどのお酒や、関連する写真などがたくさん飾ってあり、活気を感じさせてくれた。

酔仙酒造の使命は、永く愛される酒蔵であるために挑戦し続けることであり、企業理念は①地元気仙地域に根を張る、②人々に愛される商品・人材・酒蔵となる、③時代を見据えて変化を恐れず常にトライする、④地域を活性化し社会に貢献する、⑤酔仙に集う人が互いに信頼し合い幸せになるとしている。なお屋号については以前は地元の名称の気仙を使っていたが、郷土が同じ南宋の画家で愛飲家の佐藤華岳（1884～1949年）の、「酔うて仙境に入るが如し」との言葉によって、酔仙に変え今日に至っている。

酔仙酒造の変遷

2階の会議室で対応してくれたのは、執行役員・販売課課長の和田浩之さん（55歳）と、醸造課課長でお酒造りの杜氏《とうじ》でもある金野泰明さん（44歳）で、2人の名刺には「美酒伝承酔仙」と書いてあった。まず和田さんから、酔仙の歴史の紹介があった。

「酔仙酒造は、昭和19年に戦時の経済統制下の企業整備令によって、陸前高田と大船渡にあった8軒の造り酒屋が合併してできた会社です。

戦後に酒類の自由化が進み、また当時の大蔵省は財源確保のため、醪《もろみ》が多く残った清酒を活性清酒として緩和しました。主に東北の清酒メーカーで発売しましたが、生きている醪は瓶の中で発酵して栓が飛んだり破裂したり、また発酵しすぎて飲めたものではありませんでした。このため活性清酒は

左から金野泰明さん、和田浩之さん

大不評で、各メーカーの大半が製造を中止しました。
そんなとき弊社では、再発酵しなくて長く保存でき、風味も良くて美味しい活性清酒を開発して、活性原酒『雪っこ』を50年前に誕生させました。しばらく売れずに苦労しましたが、少しずつ広がり清酒を活性させたばかりでなく、酔仙酒造も活性化させてくれたのです」

活性原酒とは酵母や酵素が生きたままの原酒で、「雪っこ」はとろりとした口当たりの白い酒で、２０２０年は発売50周年の記念ラベルにしている。

大きな変化は、２０１１年の東日本大震災の津波被害で、尊い7人の従業員が亡くなり、陸前高田にあった本社屋、醸造蔵、製品仕上げ棟、仕込みを終えたばかりの原酒と出荷待ち商品の全てを失った。震災後に何回も陸前高田市を取材で訪ねている私は、酔仙のあった場所の前もよく通り、被害の大きさはそれなりに知ってはいたが、1社で7人も亡くなっていたとは驚いた。

約10年に及ぶたいへんな復興についても和田さんは続けた。

「被災直後に税務署へ免許の移転を申請し、震災の年の8月にはあるメーカーの協力を得て、一関市千厩《せんまや》の工場を借りて製造を再開しました。9月には『雪っこ』の本格生産を開始し、震災前にはたくさんあった商品を10ほどに絞り10月から販売を再開しました。

翌年3月に新工場建設を始め、8月にここの新しい大船渡蔵が完成し、10月1日の『日本酒の日』には、仕込み第1号の『雪っこ』4万5000本を出荷することができました。今年は冬季限定商品が50周年を迎え多数出しているのですが、アルコールが20度と高くて中には戸惑っている人もいます。そのためどこを変えて、どこを変えないのが良いのか考えています」

多くの人が、大船渡の地に酔仙酒造の新工場の蔵が完成したことを喜んだ。戦時中の合併時の本社工場は大船渡市内にあったが、その後陸前高田市に移り、震災では一関市で生産していたこともあり、大船渡の高齢者からは「酔仙がやっと帰ってきた」、「お帰りなさい」というムードもあった。

復興のシンボルに大船渡蔵がなっていることは、2012年の竣工式に大船渡市の戸田公明市長だけでなく、陸前高田市の戸羽太市長や、さらには岩手県の達増拓也知事も列席していることからも分かる。

こうした酔仙の教訓を表現している被災地発の「勘定絵科目かるた」があり、「土地」の読み札で「お客様に　親しまれれば　末永く　商い続くよ　ゆかりの土地で」としている。

●復興へ多くの協力が

酔仙酒造の復興には、多くの関係者の協力があった。

第1に、税務署が免許移転を迅速に処理してくれたことで、一関の仮工場や新しい大船渡蔵での製造が短期間に可能となった。

第2に、岩手県内の同業者や酒造組合が協力し、岩手銘醸株式会社から休んでいた蔵を借り受けた。しかし、借りた工場は冬場の酒造り用で、夏の仕込みに必要な冷却装置などが整っておらず、試行錯誤を繰り返して製造した。原料は、岩手県酒造組合が確保してくれていたので使うことができた。

第3に、独立行政法人中小企業基盤支援機構から、経営計画に対する助言や原価管理の手法も学び、精度の高い経営計画を策定し、国の復興事業補助金の申請が採択され11億円かかった新工場建設につながった。

また新工場の建設にはトヨタ紡織株式会社が設計段階からボランティアで参画し、トヨタ生産方式の導入による製造工程の効率化が進み、最も効率的な工場のレイアウトや人と物の動線などに関するアドバイスをしてくれた。そのため物や人が最短ルートで移動でき、職員の安全も確保できる理想的な工場が実現した。

第4は、市民ファンドの一つであるセキュリテ被災地応援ファンドにより、5カ月間かけ842人から3000万円の運転資金を確保したことである。

こうした多くの協力もあって酔仙酒造は、一気に現代的な製造業会社へ進化し、驚くほどの早さで復興してきた。

杜氏のこだわり

酒造りをしている金野さんは、杜氏としての率直な気持ちについて淡々と語ってくれた。

「木造4階建ての倉庫を含む全ての建物が、大津波で壊されて流されました。高台からガレキの山となった酔仙を見た時は、『ああ、これでもう再建は無理で全ておしまいだ』と思いました。でも直後に報道カメラのインタビューで社長は、『必ず復興します』とはっきり宣言したので、社長が言うならやれるかなと思ったものです。

津波に自宅も蔵も流された惨状を思えば、震災前と変わらず酒造りができているのは夢のようです。

支援してくれた人たちの期待に応えるためにも、雑味のないきれいな日本酒を造りたいものです」

4年前に以前の杜氏から引き継ぎ、目指すお酒をイメージしている。もう少し具体的な金野さんの酒造りについて教えてもらった。

「お酒の80％を占める水は酒造りの要なので、味を変えないことを第一に考えて、氷上山《ひかみさん》と同じ水源のここを選びました。クセがなくきれいで程良い硬度を持っているので、洗米、浸漬、仕込み水に至るまでふんだんに使っています。

こだわりは使うお米も同じです。以前は県外の山田錦を使用していましたが、近年は地元に根ざしたお酒造りを目指して岩手県産米だけにし、それも地元農家の協力を得ながら、自分たちの手で育てることもしています。酒粕や焼酎かすを使った土作りに始まり、化学肥料を使わず減農薬で育てています。吟醸用の岩手県の米『結の香』は、好適米の山田錦にも負けない品質です」

美酒伝承に沿った金野さんのこだわりがよく分かった。

●地産地消の地酒を

気仙でお酒を造ってこそ酔仙と言える。町の人の思いと同時に杜氏や蔵人の希望に沿い、この地の酒造りにこだわり、岩手県の米と土地の水で南部杜氏の造りが最優先課題である。

金野さんの地酒にこだわる話である。

「情報と流通が発達し地酒の意味も変化する中、酒仙のお酒は三陸の食材に合い、気仙の風土を思い出す岩手沿岸からの土産や贈り物となってほしいものです。

陸前高田市の気仙町今泉地区農事組合の農家とは、震災前から毎年米作りをしていたのですが、震

酔仙酒造大船渡蔵（酔仙酒造提供）

災で水田が海水に浸かりできなくなりました。それでも震災から3年目に、またこの米でお酒を造ってくれと声がかかり、とても嬉しかったものです」

社会の変化に合わせて進化させながらも、伝統の技術と心を大切にするのが美酒伝承で、地元に適した美味しいお酒を目指していると金野さんは話す。

「地酒にはいろいろな個性があっていいですね。酒米ではなくその土地で食用に作ったお米の特性を活かし、どんなお酒を造ることができるかと考えます。それぞれの土地の水や米を使う、地酒の個性をぜひ楽しんでほしいですね。

そうした地元へのこだわりの1つは、復興への思いを込め地域の人々と協同し減農薬無化学肥料で育てた『ひとめぼれ』を使い、陸前高田市制50周年を記念した特別純米酒多賀多です。全てが岩手県産で、60%まで精米しオリジナルの吟醸用酵母『ゆうこの想い』と麹菌を使用し、これをベースとしたのが古今東北の**陸前高田産ひとめぼれ使用　特別純米酒うまみふくよか原酒『復蔵』**です」

米は、田植えから稲刈りまで、小学生を含めた地域の人々と一緒に作っている。2020年秋に稲刈りへ参加した気仙小学校5年男の子の感想である。

〈僕たちは簡単に食べることができるけど、農家さんの大変な作業がわかってお米を大切にしようと思いました〉

いろいろな人の思いのこもったお酒が酔仙でできている。

●これからのお酒造り

これからのお酒造りを金野さんに語ってもらった。

「酔仙が大切にしてきたのは風土と安全醸造で、毎日安全に仕事ができる環境を整え、心を落ち着かせて考えうるさまざまなリスクを減らし、自然に寄り添いながら無理をしないことです。

これからは商品ではなく、まず人が進化していくべきでしょう。人が惹《ひ》かれるのは場所や物ではなく、その場にいる人や作った人だからです。私たちは技術と心を、人から人へ伝え続ける美酒伝承をこれからも守っていきます。

地酒であれば、その土地の風土や食材に馴染んだ個性を持つべきで、気仙で醸《かも》したお酒であることを感じて頂けるよう、三陸の食材に合い土産や贈り物とするお酒となり、気仙を思い出してもらえるように目指します」

あくまで地域にこだわっていた。

話を聞き蔵見学の後で試飲をお願いすると、「雪っこ」と特別純米酒が出てきた。ワンカップと思っていたら、どちらも4合瓶である。初めての「雪っこ」は、濁酒の粗さをイメージしていたが上品な味に驚き、特別純米酒は穏やかさの中にも1本の芯があった。残ったお酒はお土産にいただき嬉しかったが、宿で美酒をついつい飲み干し資料の整理ができず後悔した。

後日に「**陸前高田産ひとめぼれ使用　特別純米酒 うまみふくよか原酒『復蔵』**」を口にして広がる香りを楽しみつつ、すそ野を左右に大きく広げた氷上山や金野杜氏を思い出した。

07

三陸産さんま使用　まろ旨 みりん天日干し

昔ながらの製法で、少し甘めの味付けにして開発した

●大船渡市

岩手県三陸沿岸南部に位置する大船渡市は、典型的なリアス式海岸が特徴で、入り組んだ海岸の背後に山がそそり立っている。大船渡湾の奥に大船渡港があり、そこに注ぐ盛川の両岸のわずかな平地に沿って街並みが広がっている。2010年9月で4万896人だった人口は、2020年11月に3万5150人となり、5746人で率にすると14%も減少した。

東日本大震災の津波は、最大11・8メートルで、人的被害は死亡者340人と行方不明者79人で、建物は全壊2791、大規模半壊430、半壊717、一部損壊1654と、全体の約3分の1にあたる5592世帯が被害を受けた。

2020年10月のある日の朝、市内の旅館を出た私は、徒歩で及川冷蔵株式会社に向かった。山側には住宅なども並んでいるが、川沿いの工場が点在している地域

三陸産さんま使用
まろ旨 みりん天日干し

には空き地が目立つ。

●及川冷蔵は

事務所で対応してくれたのは、代表取締役の及川廣章さん（64歳）と営業部部長の村上謹一さん（58歳）である。2人の名刺には、〈生よりおいしく食べやすく〉と〈あふれる笑顔とおいしい魚〉が印刷してあった。

及川さんが、会社の概要についてまず話してくれた。

「当社は1957年に創業した冷凍と冷蔵の施設を持つ原料供給会社で、私は3代目の代表になります。1995年頃からは、水産加工品のニーズが高まっていることもあり、企業向けだけではなくカタログ通販で一般消費者向けの販売も始めました。

今はパートを含む50名が働き、さんま、秋鮭、オキアミなどの冷凍冷蔵業、天日干し、イクラ、ウニ、ミンチ製品、切り身加工品などの水産加工業、通信販売業、楽天市場店のネット通販、カタログ通販の事業を展開しています。鮭やさんまなどを原料にした商品の販売をしています。

企業理念は一燈照隅《いっとうしょうぐう》とし、一隅を照らす人間や企業になり、地域だけでなく日本や世界で一隅を照らす企業になることです。

行動理念は、『できないことをやろうとするよりも、今できることの中でベストを尽くそう』とし、メッセージは『心をこめてあふれる笑顔と美味しい魚を届けます』にしています」

60年以上も続く及川冷蔵の基礎となる経営哲学がしっかりしている。

●及川冷蔵の強み

次に及川さんから自社の強みを語ってもらった。

「第1に地の利で、工場は大船渡市魚市場から車で10分の距離にあり、水揚げされた魚を冷蔵・冷凍設備が整った工場にすぐ搬入できます。

第2は目利きで、美味しさの一番の基本は旬と鮮度なので、品質の高い魚を見極めています。市の前浜で獲れる魚にこだわり、品質が高い魚を見極め仕入れます。市場に魚の揚がる日は、私と仕入れのベテラン社員が6時30分には出向き、質が高い魚を選別して買い付けます。

第3は機動力とパワーで、到着した魚は氷で冷やしつつ手早く処理し、種類や大きさで分け、傷みや寄生虫等のチェックをします。先入れ先出しを徹底させ、冷凍庫の温度はマイナス30〜40℃で保管します。

第4は安全・安心かつ三陸ならではの美味しさの追求です。全工程の衛生と温度管理を徹底し、五葉山からのミネラルたっぷりの天然水は、魚の臭みを除き魚本来の旨みを引き出します。天日干しに最適な沖縄の海水塩シママースを使い、素材の美味しさを活かすためできるだけ化学調味料を使わず、太陽とクリーンフィルターによる新鮮な外気を取り込みながら、温度と湿度を管理する屋内の乾燥室で仕上げます。

第5には熟練の職人による名人技の水産加工技術で、仕入れた魚は熟練職人やベテラン社員が引き継ぎ、その魚に合った調味料を塩梅《あんばい》で味付けます」

経営の理念を具体化するための、しっかりとした技術が整っている。

復興にかける思い

東日本大震災で及川冷蔵は、自社工場2棟が全壊して営業を中止した。2014年に工場を再建してから、2015年には楽天市場店「極上いくらの及川屋」を再開し、天日干し商品の売り上げが好調だ。2005年から5年間は「いくら部門ランキング」のトップ10の常連店舗で、ネット通販を再開したことで楽天市場での売り上げを拡大している。

当時の被害について及川さんが説明してくれた。

「震災で従業員1人が亡くなり、7000トンの冷凍庫に入っていた5000トンの商品や原料の半分が流され、後の半分は電気が止まり使えなくなり、2つの工場で10億円の被害となりました。

地震保険は震災の4カ月前の2010年12月に経費節約のため解約していたので、保険金はもらうことができませんでした。もっとも万が一もらっていたら、ここまで一所懸命に再建することができたのか分かりません。

前途が見えなく当時いた50人の社員は、3月31日付で退職金を払って解雇させてもらい、翌日から失業保険をもらえるようにしました。半年後の9月に工場を再開したとき、3分の1は戻ってきてくれましたが、3分の1は他で働き、3分

左から及川廣章さん、村上謹一さん

及川冷蔵（及川冷蔵提供）

の1は高齢で仕事を辞めました」

たいへんな被害の中で、復興にかける思いも及川さんは話してくれた。

「悪夢のような東日本大震災から、もう10年近い年月が過ぎました。今まで味わったことのない苦しみや悲しみもありましたが、一方で生きている喜びや日常の中にある幸せを感じることができました。

当たり前のことが当たり前でないと知り、今を精一杯生きることが何よりも大切なのだと強く感じました。

及川冷蔵は主に原材料を食品加工場へ販売していましたが、震災で地域との関わりをもっと強めたいと考えました。震災前は手のあいたときに作業する程度だったのですが、地元で獲った魚を地域で加工する、天日干し中心の加工施設を造りました。

年々漁場が遠くなり水揚げも不安定で、安定した雇用のため加工を重視し、そのためにも魚の目利きができる職人気質の職員たちが天日干しでも腕をふるっています」

地元との関係をより強化して、復興を確かなものにする大切な視点であった。

及川さんの復興への思いは続いた。

「震災後にたくさんの商品を研究開発させていただき、その中からお客様の意見を参考にしながら一つずつ新商品として販売しています。

震災を経て、私たちは本当の幸せが何なのかを知ることができました。企業メッセージの『あふれる笑顔とおいしい魚』には、美味しい魚を囲んで家族の笑顔があふれ、日常の幸せを届けることが使命であるとの思いを込めました。伝統を引き継ぎ、次の世代へさらに夢をつなげたいものです」

大変な被害を受けながらも及川冷蔵では、確かな復興の道筋を描き実践しつつある。

●三陸産さんま使用　まろ旨 みりん天日干し

古今東北の「**三陸産さんま使用　まろ旨 みりん天日干し**」については、村上さんから説明があった。

「10月上旬から11月下旬に、大船渡港に水揚げされた旬のさんまだけを、鮮度と脂の乗りにこだわって仕入れています。魚の形態に合わせて開き干し用、丸干し用、漬け用などに厳選し加工できるのも、年間を通して買付けをし、旬の魚を大量に確保しているからです。仕入れたさんまは短時間にコンピューターでの選別後に急速冷凍し、年間使用する原料としてマイナス35℃の自社冷蔵庫に保管して、『**三陸産さんま使用　まろ旨 みりん天日干し**』の原料としています。

加工では、さんまの骨や内臓を機械で取り除いた後で、職員が流水で洗ってから整形し、オキアミベースの魚醤を隠し味の円やか秘伝のたれに丸一日漬け込みます。次にゴマをふりかけてから独自の天日乾燥室では、太陽とクリーンフィルターを通して新鮮な潮風を取り込み、より自然に近い環境で熟成した旨みを引き出した天日干しにしています。

その後は旨みを逃さないようマイナス40〜50℃で急速冷凍します。干すことで水分が減ると同時に、表面に膜を作ることで保存性が高まり、独特の食感と旨みが生まれ栄養価が高まります。

干物の職人が、厳しい目をもって仕上がりを10〜15％の乾燥にしています」

同じ手法による商品が「天日干しシリーズ」で、骨抜き太郎・骨抜きさんま、さんま糠漬け、さんまみりん干し、さんま塩干しがある。
後日に**「三陸産さんま使用　まろ旨 みりん天日干し」**を焼いて私は食べてみた。一般的なみりん干しの堅さと味の濃さをイメージしていたがまるで異なり、新鮮な魚のようにふっくらと柔らかく、味も優しくて驚いた。

●街の復興に向けて

及川さんは、地域ぐるみでの復興を進めている。

その1つが、水産加工場6社で協力し2013年に立ち上げた協同組合三陸パートナーズで、新しい水産加工品の製造販売と地域の活性化を進めている。その理事長もしている及川さんの話である。

「仲間や加工場や設備を失い、もう失うものは何もなく、震災直後はただ前を向いていくだけでした。どうせなら新しい価値のあることをしようと、それぞれの加工場が力を集めてもっと豊かな三陸を作ろうと思い、鮮魚卸し、水産加工、わかめ加工などが揃いました。それまではライバル同士でしたが、三陸の未来を一緒に考える仲間となりました。

1社ではできなかったオリジナリティのある食の世界を広げ、獲る人と作る人と食べる人が、三陸の魚を知り、守り、美味しく食べてもらえるオール岩手の食品や料理を目指しています。

もう一度自分たちの住む街に誇りを持つことから、新しい三陸の未来が生まれると信じています」

三陸パートナーズのホームページには、次の5つのミッションが書いてある。
①オリジナリティのある付加価値の高い商品を提供する。
②限りある水産資源をムダなく生かす商品を開発する。

③女性たちが明るく生き生きと働けるやさしい加工場を目指す。
④生産者、加工者、販売者、商品の背景が見えるしくみつくりをする。
⑤食による魅力あるまちづくりで地域を活性化していく。

こうして三陸名産の魚介を使った5種の瓶詰めをセットした商品が好評である。

2つ目が、「さかなグルメのまち大船渡実行委員会」である。ここにも積極的に関わっている及川さんが話してくれた。

「市民の有志で作った『さかなグルメのまち大船渡実行委員会』では、まずここはどんな町なのか、町が存在するためのアイデンティティは何かを話し合いました。特徴のない町を、子どもたちが誇りに思える地域にするためには、いったいどうすればいいのかです。行政の若手も実行委員会のメンバーに加わりました。そこでさらに話し合って、子どもを含めた市民に最も親しみのあるさんまをテーマとし、『さんまと言えば大船渡』と住民も観光客も楽しむことを目指し活動しています。

さんま祭りなどのイベントもあれば、さんまを使ったグルメの展開や『さんま焼き師認定試験』もあります」

毎年のように東京など各地でさんま祭りがあり、たくさんの焼いたさんまを振る舞っている。そうしたときの焼く人に認定資格があるとは知らずに驚いた。その試験も、1日目は学科と2日目に実技があり、すでに約500人が資格を所得し、それも8割が県外とのことであった。

小学生向けには、水産の町大船渡の魅力を学んでもらう出前授業や、大漁旗を描いてもらう毎年のコンテストなどもしている。

及川冷蔵の取り組みを含めたさんまを通しての協同が、大船渡市での復興を着実に進めつつある。

08

東北産豚もも肉・岩手県産丸大豆醤油使用 しょうゆの香り立つしっとり焼き豚

東北産豚もも肉を原料とし何度も味付けを変えながら、柔らかく風味たっぷりの商品にした

●株式会社いわちくを訪問

東北本線の日詰駅からタクシーを使い、いわちくに向かった。田園地帯をしばらく走ってから正門前で下車し、広い敷地を横切って目指す建物を訪ねた。

岩手県紫波町に本社を置くいわちくは、食肉の解体処理から加工やハム・ソーセージなどの製造もおこなう大手の食肉加工業者である。「ひとつひとつに、おいしい笑顔」がキャッチフレーズであり、自社で解体処理した食肉を使い、加工やハム・ソーセージなどの製造と販売をしている。特に牛肉は東北唯一の対米輸出認定施設として、アメリカの他に香港やシンガポールなど11カ国と地域から輸出認定を取得し、豚肉もそれに続くように事業の拡大を準備しつつある。

東北産豚もも肉・
岩手県産丸大豆醤油使用
しょうゆの香り立つ
しっとり焼き豚

いわちくにおける古今東北の商品は、2016年に**「東北産豚もも肉・岩手県産丸大豆醤油使用しょうゆの香り立つしっとり焼き豚」**を手掛け、2018年には**「東北産豚もも肉使用　しっとり柔らかローストポーク」**と**「東北産豚肉使用　無塩せきプリプリウィンナー」**を、そして2020年に**「東北産豚モモ肉使用　やわうま豚モモかつ」**の4種類である。

面積が国内第2位で昔から良質な食肉を生産してきた岩手県産を中心に、東北産の豚を4商品のどれにも使用している。養豚業の盛んな岩手県内では、白金豚・折爪三元豚佐助・やまと豚・南部ロイヤルなど、味や肉質や安全性にこだわり抜いた銘柄豚が30以上もある。

商談室で対応してくれたのは、加工部田村誠次長（51歳）、販売部の近村圭一課長（43歳）と髙橋大輔主任（36歳）の3人であった。コロナの影響で残念ながら作業場を見学することがまったくできず、聞き取りだけの取材となった。

●いわちくの概要

まずは田村さんから、岩手県における畜産事業のトップメーカーであるいわちくの概要について、資料に沿った説明があった。

「岩手県・盛岡市・現在は全農岩手県本部となっている岩手県経済連・岩手県信用農業協同組合連合会が発起人となって、1961年に株式会社岩手畜産公社を創立しました。

経営方針では、岩手の大地で育まれた安全・安心な品質の食肉を提供し、企業活動のあらゆる面で品質の維持と継続的向上に努め、顧客から信頼される企業を目指します。

経営理念は、第1に安全で美味しい食肉製品を提供し豊かな食生活に貢献、第2に産地食肉センターとしての役割を発揮し岩手の畜産の発展に寄与、第3に心を込めたサービスを提供し、生産者と消費者を安心で結ぶかけはしとなるを掲げています」

もらった資料には、以下のような経歴を書いてあった。

・1971年　岩手畜産流通センターを設立
・1972年　岩手畜産公社と岩手畜産流通センターの両者が合併して（株）岩手畜産流通センターとなる
・1991年　食肉高度加工施設として味工芸工場が完成
・1993年　森の中の直売店ジョバンニをオープン
・1994年　関連会社（有）まきばミート設立
・1995年　惣菜類製造工場として調理食品工場が完成
・1998年　アネックスカワトク店をオープン
・2003年　第1回いわちく感謝デーを開催
・2004年　いわちくキッチンフェザン店・焼肉レストラン銀河離宮をオープン
・2018年　（株）いわちくに商号変更

パートなどを含む総従業員数が460名のいわちくの事業内容は、①食肉の処理解体加工、②食肉の製造・販売、③副生物、副産物の処理加工・販売、④ハムやソーセージなど食肉加工品の製造・販売、⑤惣菜の製造・販売、⑥ラム、マトン、ブロイラー類の販売、⑦直営店の経営とあった。

牛処理加工施設は、2700平方メートル延床面積で枝肉420頭の保管能力が1日130頭の処理能力があり、延床面積が18500平方メートルの肉豚処理加工施設は、保管能力が枝肉

４０００頭で１日のと畜処理能力は１６００頭である。

延床面積が１４００平方メートルの調理食品工場では、ローストビーフ類が１日４００キログラム、ハンバーグ・トンカツ・フレッシュウィンナーなどの生物菜類は１日４６５０キログラム、焼きハンバーグなど調理惣菜類は１日２５０キログラムの製造能力がある。

こうした施設でいわちくは、先進のシステムを導入しながら、地元素材を知りつくした職人の知識と経験による物作りを大切にし、厳しい基準をクリアした製品作りをしている。牛や豚の育成から食肉加工、製造販売、製品保管にいたるまで一貫したシステムのもと、トレーサビリティや品質管理の国際基準であるＩＳＯ（国際標準化機構）や、さらには各生産工程における徹底した衛生管理をしている。

左から髙橋大輔さん、田村誠さん、近村圭一さん

●商品のこだわり

古今東北の商品に関するこだわりについて、田村さんから説明があった。

「『**東北産豚もも肉・岩手県産丸大豆醤油使用　しょうゆの香り立つしっとり焼き豚**』では、丸大豆による醤油づくりで昔ながらの味を追求してきた老舗の八木澤商店の品を使っています。震災の津波で全壊した工場ですが、だいぶ復旧が進んでいます」

いわちく全景（いわちく提供）

1807年創業の八木澤酒造は、大正時代に醤油醸造業を兼業し、1960年に株式会社八木澤商店となった。

岩手県陸前高田市にあった八木澤商店は、東日本大震災による15メートルを超える巨大津波により、蔵や製造工場が全壊して流された。

「従業員は解雇しない。絶対に蔵は復活させる」

八木澤商店の社長は、途方に暮れる従業員たちにそう約束した。本社を陸前高田に残し、翌年には隣の一関市の小学校の跡地に工場を再建し、一人の従業員も解雇せず2013年から醤油の出荷を再開させた。

食を通して感謝する心を広げ、地域の自然と共に健やかに暮らせる社会をつくることが、八木澤商店の経営理念である。

田村さんの説明が続く。

「『**東北産豚肉使用　無塩せきプリプリウィンナー**』は、東北産豚肉を原料に発色剤・保存料・着色料を使用せず、素材本来の味わいやプリっとする粗挽きでジューシーに仕上げました。

一般のウィンナーには、亜硝酸ナトリウムなどの発色剤を使用して漬け込む、塩せきという製造工程があります。無塩せきとは発色剤を使用しない商品のことで、JAS規格では発色剤を使わないウィンナーに表示する決まりになっています」

食事の時に料理の色を見て楽しむことはもちろんあるが、健康を害する危険性のある発色用の食品添加物は、使わないに越したことはない。

『東北産豚もも肉使用　しっとり柔らかローストポーク』は、オリジナルブレンドの天日塩とハーブ系香辛料で仕上げています。

脂身が少なくキメが細かいもも肉を使用することで、肉のしっかりとした食感と旨みを楽しむことができます。味付けには、素材の味を引き立てる赤穂の天塩と、タイム、セージ、ローズマリー等の香り豊かなハーブをブレンドしているので、さわやかな香りが食欲をそそります。

ローストポークの味や食感を左右する加熱には特にこだわり、表面をオーブンで焼き上げた後で、旨みを閉じ込める真空調理により、素材本来の美味しさが引き出され、柔らかくジューシーに仕上げています。加熱する温度が1℃でも異なるだけで、味・食感・色が違ってしまうため徹底した温度管理をし、常に高品質な製品づくりに取り組んでいます」

素材の旨みとしっとりとした食感やさわやかなハーブの香りを楽しむために、冷蔵庫で解凍した後で好みの厚さにスライスして食べるとか、薄くスライスしてサラダに乗せたりパンに挟んでローストポークサンドにするなどのアレンジもできる。味がしっかりとついているので、オニオンスライスやパプリカなどの野菜とマリネにしても、香り豊かにさっぱりと食べることができる。

『東北産豚モモ使用　やわうま豚モモかつ』では、岩手県が開発した高たんぱく質で製パンに適した小麦粉ゆきちからを使用し、岩手県産の商品であることをアピールしています。この小麦は寒さや雪にも強くて倒れにくい良質の品種で、安定した品質と収量を得ることができます」

小麦のゆきちからは、1976年に東北141号とさび系23号の人工交配で育ったパン用新品種で、2002年に小麦農林157号として命名して登録した。赤さび病やうどんこ病などにも強く、粉の白さや明るさに優れてパンや中華めんにも適し、岩手県だけでなく寒冷な他県でも奨励品種等に採用されている。

こうした地産地消の理念は生協と重なり、30年ほど前にいわて生協が開発するアイコープ商品やアイスタイル商品では、ウィンナーやハムやベーコンなどにおいてできるだけ岩手県産を使い、かつ県内の工場で製造する条件で、いわちくの製造となった。組合員の声で開発され、その後の見直しや改善も組合員の参加で進み、国の基準よりきびしい「いわて生協食品添加物自主基準」に沿って添加物をできる限り抑えてきた。

●消費者との交流

いわちくは、消費者に身近で安心な食品メーカーの立場から、さまざまなイベントや食育事業を通じ、生産者と消費者の関連を強め、健やかな体と大地の命のつながりを伝える取り組みを実践している。

この分野での取り組みは近村さんが説明してくれた。

「いわちくでは、地域貢献の一環として喜びと楽しさ、また新しい美味しさとの出会いを提案しています。食にかかわる企業として、肉の安全な生産と食べる大切さや美味しさを知ってもらい、地域と共に取り組む『いわちく食育活動』です。そのひとつが『いわて食育応援団』で、証認企業として生ウィンナー作り体験教室や、工場見学の提供、地産地消の推進などで地域の人々へ食の大切さを伝えています。

また毎年開催してきたいわちく感謝デーの『いわちく大学』では、親子そろって当社員の指導のもとで、ウィンナー作りを体験することができ、毎年参加枠がいっぱいになる人気コーナーです。親子で一緒に作って食べる出来立てのウィンナーは、格別の美味しさです」

食育活動へ積極的に取り組んでいる企業等のネットワーク会議が、「いわて食育応援団」と認証し連携して食育活動をすることで、県民運動として食育をさらに推進している。

活動内容は、①県民に対する食育に関わる情報の提供、②ネットワーク会議と応援団相互の情報交換や交流および食育活動への協力、③食育推進に関わる普及啓発などの食育活動をおこなうことにより、県民運動として食育のさらなる推進を目的としている。

なお同応援団の認証要件は、①ネットワーク会議の趣旨に賛同して県内に事業所があり、本県を含む地域で食育活動をおこなう企業などである、②原則として無償で食育活動する企業などである、③企業などの名称や食育活動の内容や連絡先などの情報を公開できる、④食育活動は営利を主な目的とせず、また政治や宗教活動を伴わない活動としておこなう企業などであるとしている。

ところで食育では、国民一人ひとりが食への意識を高め、健全な食生活で心身を培い、豊かな人間性を育むことを目的に、2005年施行となった食育基本法がある。それは①食品の安全性の確保等における食育の役割り、②食に関する感謝の念の醸成、③食育推進運動の展開、④伝統的な食文化等への配慮、⑤農山漁村の活性化と食料自給率への貢献、⑥食に関する体験活動と食育推進活動の実践、⑦子どもの食育における保護者、教育関係者等の役割り、⑧心身の健康な増進と豊かな人間形成の、8本の基本理念に基づいている。

こうした食育は、学校だけでなく企業にとっても大切な社会的課題で、いわちくのようにぜひ取り組んでほしいものだ。

09

陸前高田産　小あみと野菜のサクッとかき揚げ

レンジに合うてんぷら粉も開発し、歯ごたえのある古今東北の小松菜を使った

●陸前高田を訪ねて

陸前高田市は、岩手県の沿岸部の最南端にあって宮城県気仙沼市に接している。震度６弱の東日本大震災のときは、15メートルを超える津波が押し寄せ、行方不明者を含め１７５７人が亡くなり、８０６９世帯のうち４０６３世帯（50・４％）が被害を受け、その94％となる３８０１世帯が全壊であった。

人口は、震災前の２０１１年２月に２万４２４６人いたが、２０２０年11月には１万８６６８人となり、５５７８人で、率にすると23％も大きく減少している。

２０２０年10月中旬の昼過ぎに私は、大船渡からＪＲの代替えバスに乗り陸前高田市へと入った。震

陸前高田産　小あみと野菜のサクッとかき揚げ

災後に何回も取材で入っている土地で、来るたびにかさ上げが進み地形が変わっている。取材先の約束の時刻までに時間があったので、目的地の2つ手前のバス停「陸前高田」で降り、徒歩で南西に向かった。

最大12メートルもかさ上げした約87ヘクタールの高田地区の市街地には、商業施設や市民文化会館などが次々にでき、飲食や菓子などの店と事業所などが営業を始めていた。しかし、その周辺には建物がまったくなく、広大なかさ上げ地がずっと続き、時おり走るダンプカーが土埃を舞い上げていた。

巨大な細長い建物の東日本大震災津波伝承館を見学し、被災した陸前高田のシンボルにもなっている「奇跡の1本松」を眺めながら歩き、気仙川を越えて目的の冷凍フライ製品製造・販売の株式会社あんしん生活を訪ねた。

NPOあんしん生活の誕生

新しい平屋の事務所で対応してくれたのは、取締役で企画営業部長の津田勇輝さん（39歳）である。まずは会社設立前後の話であった。

「船乗りだった私の祖父は、漁業を営み主にわかめやホタテの養殖をしていました。高齢で海の仕事はやめましたが、働くことが好きだった祖父のため私の母の津田信子が、養殖用の加工場を作業場として、2005年に高齢者の働く場としました。

これには、陸前高田の高齢者が働く嬉しさをまた感じて欲しいという、母の気持ちがあったと聞いています。最初はただボランティアの延長でしたが、取り組みが進むにつれ地域の方々が支援をしてくれたのです。

あんしん生活の皆さん

当初は受注の実績がなく高齢者中心であったことから、十分な仕事をすることができませんでした。

そこで母は、何とか改善したいと陸前高田市役所や大船渡ハローワークに相談すると、市役所の２人が地域振興のために、ＮＰＯ（特定非営利活動法人）を立ち上げたらとの提案をしてくれました。

また地元の食品加工会社の社長さんが賛同し、簡単な加工作業を発注してくれるようになりました。

そこで２０１０年11月にＮＰＯの設立を申請して、２０１１年２月には陸前高田市で初めての認可が無事におり、母の思いはようやく形になり始めましたが、１カ月後の東日本大震災が全てを壊したのです」

地震が発生した時にあんしん生活では、２つの作業場で14人が働いていた。全員の無事を確認した後で各自は避難し、すぐ高台へ避難した人たちは無事だったが、家族を迎えに行き津波に巻き込まれ亡くなった人もいた。

助かった人たちも、すぐには元の生活に戻れなかった。５月まで電気が復旧せず、市役所が全壊して行政も麻痺し、道路はガレキだらけで移動も不自由で多くの住民は孤立してしまった。

あんしん生活を支援してくれていた元請け会社の社長は、津波で工場も流されたので、やむなく会社を閉じることにした。

そこであんしん生活が元請け会社の事業の一部を引き継ぎ、使える機材などを譲ってもらうことになったが、販売先は自分たちで探して確保するしかなかった。

なおあんしん生活の名称にある安心には、①三陸ブランドへのこだわり、②新鮮な食材へのこだわり、③手作りのこだわり、④地域の人たちがいくつになっても安心して自分の力で仕事が出来る場所という、4つの意味を込めている。

●株式会社あんしん生活の誕生

経営に責任を持つためには非営利のNPOの運営では限界があり、次の手を考えなくてはならない場面となったことについて津田さんが話してくれた。

「ところでここの代表取締役である母は、ある大手保険会社の代理店の支店長もしています。陸前高田市はもともと高齢化が進んでいて、震災でも多くの方が亡くなりました。人口が減る中で保険の仕事がもっと大変になると母は分かっていたので、保険とNPOの両立が難しくなっていました。

それまで私は、隣の気仙沼市の老人福祉施設で働き、職場結婚して暮らしていました。ある日に母から私は、陸前高田に戻って地元のために手伝ってくれないかとの相談を受けました。油で食品を揚げる加工業者が少ないので天ぷらフライ調理専門会社設立の話があり、震災で困っている地元のために働いていく決断をしたのです。

元の被災場所ではなく、ここの場所に工場が建った後に私は入社しました」

頼りにしていた元請け会社が震災でなくなり、株式会社を設立して主体的に経営する道を選んでいる。地元の農産物や海産物を使った安全で新鮮なかき揚げを作り、被災した高齢者や子育て中の方でも働けるようにフレックスタイム制を入れ、地域の活性化にあんしん生活は貢献してきた。

「夫婦で毎日気仙沼から車で通い、私が経営や営業を、妻は経理を主に分担しています。代表権を母は持っていますが、実質的な経営は私たちがしています。

水産加工の中でも手揚げは珍しく、天ぷらやかき揚げなどにこだわりを持ち、新しい会社でありながらも高い品質が認められ、地元を中心に評価を少しずつ得てきました。

母は、生産力よりも素材の美味しさを大切にし、利益よりも地域の復興を優先してきました。その考えを私たちも守り商品を製造しています。常に心へ留めているのは、働いている人と食べる人の安心と安全です」

従業員17人のあんしん生活において、親子2代にわたってしっかりとした経営理念を築きつつある。

●手揚げのこだわり

あんしん生活の代表商品を手揚げすることへのこだわりについても、津田さんが詳しく説明してくれた。

「機械化した会社もありますが、あんしん生活でのかき揚げは、素材と油の状態を確認しながら一枚ずつ全て手作りです。タネを揚げる時に箸でかきまぜると、空気が入ってサクサクした食感になります。時間と手間がかかり生産力は機械に劣りますが、素材の美味しさを最大限に引き出せるため、昔ながらの手揚げを譲ることはできません。

あんしん生活には10台のフライヤーがあり、稼働率はまだ7～8割程度ですが、1台あたり1日2000枚のかき揚げを作ることが可能です。当初からフライヤーが稼働していたわけでなく、全く稼働しないときもしばらくありました。

フライヤーの稼働台数を増やすには、新たな販路を獲得しなければならず、そのためお客様の求める品質に応える機材が必要でした。

簡便にレンジで温めるだけで美味しいフライを作りたいとの思いから、水産加工業販路回復取組支援事業の助成金を活用して真空包装機を導入し、受注増はこのおかげです。またお客様が求める価格のため金属探知機は、時間短縮して作業を効率化するので従来の小型より大型を導入しました」

真空パック包装機と大きい金属探知機の導入など、消費者が求める品質と欲しい価格帯を理解して商品化し、受注の幅が広がり経営の基盤ができてきた。

なお復興水産加工業等販路回復促進事業は、全国水産加工業協同組合連合会、（公社）日本水産資源保護協会、（一社）大日本水産会及び東北六県商工会議所連合会が、被災地の水産加工業の復興支援のため、2015年に設立した復興水産加工業販路回復促進センターの活動の1つである。

被災した水産加工施設の復旧は進んできたが、失われた販路の回復が課題となり、水産加工と流通への個別指導やセミナー等の開催もあれば、必要な機器の整備を支援してきた。

手作業なので当初は、規格のグラム数で商品を大量製造することに苦労したが、その後に従業員たちの技術レベルも上がり生産力も大きく伸びている。

津田佳奈さん、津田勇輝さん

こだわりの中身についても津田さんは、詳しく説明してくれた。

「入っている具材は、三陸で獲れたツノナシオキアミの他に、国産の玉ネギと人参や小松菜です。この小松菜は、震災の津波で流された南三陸の畑で育てた『**宮城県南三陸星農場産　しゃきっと小松菜**』で、かき揚げにしてもしっかり歯ごたえを感じることができます。玉ネギと小松菜は、工場で当日の朝にカットし、これらの新鮮なカット野菜に天ぷら粉と水を混ぜてタネを作ります。それを専用の小さな金枠に入れ、大量の油で一気に加熱しながら一枚ずつ手作業で形を整え丁寧に揚げていきます。

電子レンジで温めてもサクッとした食感と野菜本来の甘みが残るように、粉を選び抜いて油切れを良くしたり、衣を少なめにしたりと試作を繰り返しました。同時にオキアミの香ばしさと、野菜の甘みとのバランスにもこだわったものです。具が沢山入って小松菜の濃い緑色が映えるように、揚げる温度や時間などを調理人によっても微調整しています。

コープ東北の共同購入では、家庭で使いやすい50グラムのかき揚げ4枚入りのパックを販売しています。栄養価や風味ともに抜群の三陸素材のオキアミと、野菜を使った古今東北の『**陸前高田産　小あみと野菜のサクッとかき揚げ**』は、オキアミの香ばしさと野菜の甘みをより引き立たせる割合に近づけるため、何度も試作を繰り返した自信作です」

扱うツノナシオキアミは、北太平洋で量の最も多いオキアミで、国内では常磐から三陸沖で獲っている。主に乾物や魚醤油などの加工品となり、一部は釣りの寄せ餌であるコマセとしても使っている。乾物は香りが高くてほどよく柔らく、大根などと煮たりお好み焼きに加えたりして、エビの風味を楽しむ。生きているオキアミの体は透明だが、水揚げされた後に赤みを増し、かき揚げに使うとアクセントとなって見た目にも美しく食欲を増す。

桜エビに比べオキアミは価格が安く、色やカルシウムの高さでも引けを取らないため、希少な桜エビの代用として利用することが多い。

こうしたオキアミをあんしん生活が仕入れているのは、１９６４年に設立となった岩手県産株式会社で、県産品の販路拡大を通じて、県内の産業振興に寄与することを目的とし、岩手県をはじめ県内市町村、金融機関、産業団体、地元生産者等が株主の第三セクターである。

話を聞いた後で、**「陸前高田産　小あみと野菜のサクッとかき揚げ」**を私は試食させてもらった。小松菜など野菜の歯ごたえを感じつつ、オキアミの香りが口の中に広がった。

すでに仕事を終えた作業場を津田さんの案内で見学させてもらい、フライヤーの多い場所であるが、床や壁などに油汚れはほとんどなく、衛生管理や清掃を徹底していることがよく分かった。

夕方の６時を過ぎ、津田さんのパートナーで総務部課長の津田佳奈さんが、気仙沼へ帰宅するとのことで同乗させてもらった。夕闇の中をしばらく走りながら、総務部長として経理だけでなく、５人いるミャンマーからの若い女性技能実習生の世話などについても聞かせてもらった。

10

三陸産昆布・イカ使用　しゃきっと松前漬け

三陸産原料を使いながら、食感の良さと隠し味に大根の千切りを加えた

●南三陸町へ

宮城県北東部に位置する南三陸町は、東の沿岸部がリアス式海岸特有の豊かな景観で、三方を標高300～500メートルの山に囲まれている。

その地形から東日本大震災の被害は大きく、2019年のデータでは死者と行方不明620人、建物被害は全壊3143戸（58・6％）と半壊・大規模半壊178戸（3・3％）だった。

こうした大災害もあり市の人口は、震災前の2011年2月の1万7666人が、2020年1月にはマイナス4998人で1万2668人なり、率にすると28・3％も減少している。

南三陸の沖には世界三大漁場の一つ三陸沖漁場が広がり、漁港には多種多様な魚介・海藻類が大量

三陸産昆布・イカ使用　しゃきっと松前漬け

に水揚げされている。一年中獲れるマグロ類やサメ類のほか、春から夏にかけてはかつお、秋はさんま、冬はマダラなど旬の魚も豊富である。リアス式海岸が続く沿岸海域では養殖業が盛んで、生産量日本一の銀鮭やカキ、ホヤ、わかめなど、栄養たっぷりの海の幸が収穫される。

震災時に若い女性職員が、避難を呼び掛け続けて犠牲となった3階建ての南三陸町防災対策庁舎は、周囲のかさ上げが高くなり、近くでないと赤く錆びた全景を見ることができない。

志津川湾から2キロメートルほど山間へ入り、株式会社ケーエスフーズの第1工場を訪ねたのは、2020年10月中旬の午後であった。

●ケーエスフーズとは

ドライ珍味・肉加工品・海苔・水産物・農産物などの製造販売の株式会社カネタ・ツーワンは、高い品質で安全・安心な美味しさを届けるために、営業と生産拠点を結ぶ合理的なネットワークを基盤に、国内13拠点と3工場で事業を展開している。美味しさと健康をテーマに、時代が求めるものを柔軟に取り入れ、たゆまぬ研究と技術開発を続け、素材の選び方、製造方法の見直し・更新、パッケージ・売場開発など、業務の一つひとつに精通している。さらに製造から販売まで一貫させ、求めやすい価格を実現してきた。

ケーエスフーズは、そのカネタグループの製造部門としての役割を果たし、ドライ珍味部門・生珍味部門・海産乾物部門を担当している。トレースが確実になる地場の食材を使用した、安全・安心な商品作りを追求し、製造から販売まで一貫させている。カネタとケーエスフーズは、週1回の販売部門とのミーティングや、月1回の製販会議で意思疎通し情報を共有している。

1953年に三陸での海苔の行商からケーエスフーズは始まり、地元の素材の新鮮さを活かした珍味や海苔や乾物などを主力商品とし、全てのお客様に満足していただける商品を提供する思いを大切に、地域や個店のニーズに応える商品を企画してきた。

美味しさと健康を求めて、食の新しい価値を創造し提案する会社であるために、①美味しさと健康を求めて豊かな食生活の担い手として、新しい価値を創造し続ける、②美味しさ・健康・安全を指向した商品を開発、提案し続ける、③社員全員参加の経営で、顧客・地域社会と共存共栄するの3つを基本理念としている。

こうしたケーエスフーズの事務所で対応してくれたのは、カネタ・ツーワン生鮮本社エリアのシニアマネージャー平塚昭彦さん（63歳）、ケーエスフーズ生産管理課の課長佐藤正樹さん（42歳）、同商品開発室の佐藤明日香さん（36歳）であった。

●震災で地域により注目

まず震災時の概要について平塚さんから説明があった。

「南三陸町にはケーエスフーズの3工場がありましたが、本社の第1工場以外の2つの工場は海岸近くにあって津波で流され、かろうじて残った第1工場も50センチメートルの浸水被害となりました。従業員は、地震のとき全員無事でしたが、その後に家族が心配で自宅へ戻った2人が残念ながら犠牲になりました。

第1工場の復旧を最優先にし、清掃業者やグループ社員などの協力もあって、約10日間で復旧させることができました。80人の従業員の半数は自宅をなくして、避難所での生活をしていました。3月

27日に電気が通り、翌28日から第１工場を一部稼働させたものです」

震災後に増設したのは、２０１２年５月に第１工場の増設建屋８００平方メートルと、２０１３年10月に第１工場の並びへ、生わかめ・味付けメカブなど海産物加工のために新たな旬鮮堂６５５平方メートルや、２０１４年４月に第２工場１５６５平方メートルであった。これらの復旧した加工施設で国際標準化機構のＩＳＯ２２０００を取得している。

こうした新しい工場では、会社としての大きな経営の方針転換があったことを、後日の電話で社長の西條盛美さん（70歳）から聞かせてもらった。

左から佐藤正樹さん、佐藤明日香さん、平塚昭彦さん

「震災前の私は、仙台にある東北かねたで仕事をすることが大半で、月に数回しかケーエスフーズを訪ねることはありませんでした。それが震災の後は、月の半分を南三陸町で過ごすようになりました。時間をつくって工場の中だけでなく地域を詳しく見て、商品についてもいろいろと考えました。
その結果、これまでのどこにでもある商品の開発ではなく、南三陸のここだけにしかできない商品開発を今後することに決めたのです」
商品開発において大切な差別化である。どこにでもある商品であれば、やがて価格競争に取り込まれて経営は厳しくなるリスクが高い。そうでなく南三陸の自然の恵みを活かし、新鮮な地元の鮭、さば、タコ、わかめ、ホヤ、ウニ、メカブなどを扱い、地場産品の商品開発や製造や販売を一貫することができれば、他メーカーの食品との差別化となる。この差別化を具体化するため西條さんは、以下のように地域での協同を強化した。

●地域での協同

大きな災害から復興するため2016年策定の南三陸町総合戦略では、基本目標の序文で〈私たちは、東日本大震災を経て気づかされました。森・里・海・人・命がめぐって活かされていることを。だから私たちは、命がめぐる町をつくるためここに宣言します〉とし、①地域の仕事、②新たなコミュニティー、③次世代を支える3つの基本目標を掲げるとともに、そのすべての推進のため官民連携の取り組みの推進を明記している。

地域資源である森・里・海の自然の恵みを十分に活かし、人の営みを含めて魅力ある持続可能な資源活用方式を確立し、次世代につなぐ仕組み創りが重要課題だと宣言している。

これに沿った動きの1つが、「南三陸海と陸の恵み活用プロジェクト」であることを西條さんから教わった。

「震災の後で志津川湾にキタムラサキウニが大量に発生して海藻を食べつくし、磯焼けを起こしたのです。町や漁協やJAとも協力して、そうした身のないウニを陸上で養殖する実験を始めています。餌は商品化できないわかめやこんぶの端材だけでなく、規格外のキャベツやレタスでも育てることができます。2019年に仮設の水槽を当社の工場内に設置して実験を繰り返し、2021年には生産を本格化させる予定です」

具体的には「南三陸海と陸の恵み活用プロジェクト」で、ケーエスフーズが代表として申請し、一般社団法人農林水産業みらい基金による、「農林水産業みらいプロジェクト」の2019年度助成先になった。なお同基金は、農林水産業や地域の活性化への費用助成のため、農林中金が200億円を拠出して2014年に設立し、創意工夫した取り組みで課題にチャレンジしている地域の農林水産業者への支援を通じて、農林水産業と食と地域のくらしの発展に貢献するものである。

以下はその助成時の企画書の概要である。

〈大被害を受けた南三陸町の漁業は、近年藻場の磯焼けにより、アワビをはじめとした魚類・貝類の漁獲量に深刻な影響が出ている。その主な原因は、キタムラサキウニの異常繁殖による海藻類の食害で、漁業者のウニの駆除・粉砕作業をしてきたが、潜水士資格のないことや、潜水専門業者の委託はコストがかかることから、有効な駆除になっていない。

そこでケーエスフーズが漁協と連携し、漁業者の潜水士資格取得をサポートし、漁業者が駆除したウニを買い取り、陸上でナマコとともに畜養して身質を改善し、商品価値を高めて販売する仕組みを構築する。畜養にあたっては、わかめ等の残渣《ざんさ》やこんぶの他、規格外の野菜も活用する計画。漁協や大学、自治体、JAなど、地域の多様な主体と連携しながら、藻場の再生を通じた地域漁業へ貢献し地域活性化を目指す〉

なお磯焼けとは海中の海藻がなくなる現象で、原因の1つは地球温暖化の海水温上昇により、南方系の魚が越冬して海藻を食べ尽くし拡大することである。

ウニは日本人にとって寿司ネタなどとして馴染みの深い高級な食材で、磯焼け海域の痩せウニを養殖して身入りを改善して商品化を計画している。

ケーエスフーズ第１工場
（ケーエスフーズ提供）

さらにはウニの養殖だけにとどまっていないことが、この取り組みの素晴らしいところで、西條さんの話は続いた。

「ウニは体重の3％から5％にもあたる餌を毎日食べ、すぐに糞として出します。この糞にも実は栄養分がたくさん残っているので、その糞と水槽内に自然発生する珪藻を餌にしてナマコを養殖する実験も同時にしています。国内でナマコは、ウニほどの高級感はありませんが、煮て干した『いりこ』は中華料理では高級食材として扱われ、ときには『黒いダイヤ』とも呼んだこともあり中国や香港などへ高値で輸出しています」

ウニが出す糞を、さらにナマコの養殖に有効活用する素晴らしい混合養殖である。

こちらの取り組みについては、カネタ・ツーワンも加わった「三陸ナマコの多用途商品開発推進事業プロジェクト」があり、復興庁の「平成29年度チーム化による水産加工業等再生モデル事業」に採択された。

このプロジェクトは、食料・農林漁業の革新を目指す一般社団法人アグロエンジニアリング協議会と東北福祉大学が代表となり、三陸ナマコを主原料とした新商品開発とブランド化にカネタ・ツーワンを含め12社、国内外の販売戦略に4社、原材料確保と供給支援に1社などが参画している。

なおアグロエンジニアリング協議会は、農林漁業の効率化向上を目指す工学技術が集成する事業で、自治体や企業・団体の地域課題を解決し、新たな産学官連携をしている。

●「三陸産昆布・イカ使用　しゃきっと松前漬け」

古今東北の「**三陸産昆布・イカ使用　しゃきっと松前漬け**」について、開発に関わった佐藤正樹さんと佐藤明日香さんから話があった。

「三陸沖で獲れた新鮮なイカを1杯ずつ丁寧に処理し、国産の人参と大根を加えることで、従来とは食感の異なる南三陸オリジナルのしゃきっとした松前漬けとし、イカ特有のほのかな甘みと食感を楽しむことができるようになりました。親潮と黒潮と津軽暖流が混ざり合い、複雑で激しい海流で三陸産のこんぶは鍛えられるため、肉厚で弾力があり風味がとても豊かです」

「開発に約半年かかり、一番苦労したのはしゃきっとした食感です。大根は冷凍してから解凍すると水が出てしまうので困り、切り干しにしたり切るサイズを変えたりしました。また人参のカットサイズを通常より細くして、大根やこんぶやイカの具材を絡みやすくし、食感バランスを良くしています。味の濃い一般の松前漬けでなく、大根や人参を加えて優しい味にしたことも古今東北の特徴で、独自の調味料の配合も何回か変えました」

北海道の郷土料理である松前漬けは、豊富にとれて余っていた数の子にスルメとこんぶを合わせ、塩で漬け込んだ保存食であったが、数の子が希少品となってからはスルメとこんぶを主体とし、味付けも醤油中心になってきた。取材の最後に私は、「**三陸産昆布・イカ使用　しゃきっと松前漬**」を試食させてもらった。しゃきしゃきした食感を楽しみながら、ほんのりしたイカの甘さなど三陸の美味しさを味わうことができた。

11

宮城県南三陸星農場産　しゃきっと小松菜

津波の被害畑を復興させ、食感の良い小松菜の若手生産者を応援することにした

●南三陸の星農場へ

ケーエスフーズを取材した後で、同じ地域にある星農場を訪ねた。年間の降雪量が少なく日照時間が長いため、多くの農作物が栽培されてきた地域である。

小さな谷川に沿う集落からさらに山へ向かった地に、小松菜のビニールハウスが多数並んでいた。

アブラナ科の非結球葉菜であるツケナ類の一種の小松菜は、南ヨーロッパの地中海沿岸が原産地で、奈良時代から平安時代に日本へ入ってきたとされている。各地で品種改良が進み、大阪で黒菜や福島で信夫菜などと呼ばれる品もあり、また時期によって冬菜、鶯《うぐいす》菜、餅菜、葛西菜などの別名もあって100以上の品種がある。

宮城県南三陸産
星農場産 しゃきっと小松菜

江戸時代に小松川村（現東京都江戸川区）へ鷹狩りに来た徳川吉宗が食べて喜び、地名から小松菜とした説がある。

農場主の星達哉さん（37歳）に会い、まずは収穫できるほどに育っている小松菜を見せてもらった。年間を通して出荷するため、棟別に品種や種まきの時期を工夫していた。案内してもらったビニールハウスでは、柔らかい土の上一面に青々とした小松菜が葉を広げていた。1枚を採って口に入れると、えぐみはまったくなくしゃきしゃきした食感を味わうことができた。

駐車場近くのビニールハウス内にある事務スペースで、星さんから話を聞いた。小松菜を育てるきれいで豊かな水と、海里山の素晴らしい資源が南三陸にはあり、そうした自然環境と同時に星さんの工夫がいくつもあった。

●農業との関わり

まずは星さんに、震災から再起するまでの経緯を聞いた。

「震災前に私は、小松菜でなく菊の花の栽培をしていました。東日本大震災では、農業施設、機械、畑や自宅も含めて全て津波の被害を受けました。被災直後は、隣町の避難所で生活をしていて、そこから地元に通ったものです。自衛隊や消防隊員の皆さんの助けをいただきながら、ガレキの撤去や捜索活動もしてきました。

避難所では同じ地区で農業をしてきた仲間と、毎日のようにこれからどうするか、どうやって地元を復活させ守っていくか、という話し合いを何度もしていたものです。

その結果私たちは、やはり農業を通じて地域の復旧復興させていくことで話がまとまりました。それからは行政やＪＡなどにも相談し、地域の方々の力添えをいただきながら、農業を少しずつ復興させてきました」

しかし、実際に農作物の栽培を再開するためには、いくつもの難しい課題があったと星さんは話を続けてくれた。

「ただ、そこに大きな問題がありました。畑となる場所には、たくさんの石が混入していました。握りこぶしほどの石であったり、大人２人がやっと持ち上げられるくらいの大きな石もあったものです。

こんな場所で本当に作物が育つのかと途方にくれたこともありますが、全国から多くのボランティアの皆さんが来て、たくさんの石を取り除く作業に参加してくれました。持参したツルハシを手にして畑で横一列に並び、掘っては進むことを繰り返し、集めた石を一輪車で畑の外に出す作業を何度もしていただき、ようやく生産活動のできる環境を整えることができました。今でも感謝の気持ちでいっぱいです。

私がこの地で一所懸命に農業を続けていくことが、一番の恩返しになると信じてこれからも頑張っていきます」

星達哉さん

星さんは農業による復興を決意したが、震災前と同じ菊の栽培にするかどうかについて考えたことも話してくれた。

「菊の花は、お盆や彼岸の需要期になると、いくらでも人手が必要なくらい忙しいのですが、その他のシーズンになると家族労働だけでこなせてしまう作物でした。それに比べて小松菜は、一年中栽培ができて収穫や出荷などの作業もあり、いつも安定して仕事をすることができます。

私の畑の近くに仮設住宅があって、以前はバリバリと働いていた地元の女性たちも、仕事がなく仮設住宅の中で引きこもりがちになっていました。そうした方々へも声をかけて誘い、小遣い程度にしかなりませんが、ビニールハウスに来てもらって一緒に働き、楽しくコミュニケーションがとれる場をつくることが大切だと考えました。

そうして南三陸から、元気やパワーを発信していきたいと願ったものです」

こうして星さんは、1年を通じて安定して仕事を創出できる農作物にするため、震災前の菊をやめて2012年の夏から小松菜の栽培に切り替えた。

●地元の恵みを活用した土づくり

次に星さんが5個のバケツを見せてくれた。そこには焼いて炭にした三陸米の黒い籾殻《もみがら》や、小松菜の成長に合わせ粒の大きさを変えたどちらも白いカキ殻とホタテ殻もあれば、雨に当て塩を除いた志津川湾のこんぶとわかめの端材や、そして地元三陸杉などの樹皮堆肥があった。

それらについて星さんが説明をしてくれた。

「実は南三陸には、たくさんの良質な有機物があります。地元で調達できるカキ殻やホタテ殻は加熱して粉砕したものを、地元の企業から購入して使用しています。なかなか溶けにくいカルシウムやミネラルが、加熱して粉にすることで水溶性となって植物に吸収されやすい状態となります。さらに

地元の資源を再利用した有機肥料

小松菜の生育初期は、栄養を吸収しやすいように細かく粉砕したカキ殻を、生育後半にはじっくり効くようにホタテは粗い粉に工夫しています」

カキ殻とホタテ殻を砕いた粉の大きさを変化させ、小松菜の生育に合わせて使っている。そうした星さんの熱心な研究心に私は驚いた。

カキとホタテ以外にも、地元の資源を使っていると星さんは説明を続けた。

「戦後の化学肥料が普及する前に地元では、わかめやこんぶを肥料として使い、ジャガイモ等を収穫していました。そこで私は、小松菜にも同じく海藻を利用することにしました。

他には、宮城の環境保全米に取り組んでいる農家さんからもらった籾殻や稲ワラを、さらには三陸杉の樹皮を堆積し発酵させた肥料もたっぷり畑に与えています。そうすることによって土の中に空気の層ができ、小松菜の根が呼吸しやすくなります。

同時に微生物の働きも活発になり、農作物が良く育つ豊かな土ができあがります。南三陸の海と里と山の、全ての自然の恵みを丸ごと畑に還元する土作りをしているわけです。

こうしてできた小松菜は、味わい深くて美味しいと消費者から高い評価をいただいています」

地元資源の有機堆肥を毎年大量に畑へ使って、連作障害の起こらない強い土を星農場では作っている。環境負荷が心配な化学肥料ではなく、手間はかかるが地元の有機資源を有効に再利用し、それだけ地域の環境に配慮した循環型農業でもある。

星さんの土作りへの強いこだわりがよく分かった。

防虫対策についても工夫していることを星さんは説明してくれた。

「農薬はできるだけ使用しないために、ビニールハウスにはＵＶカットフィルムを使い、紫外線を止めることで害虫が平衡感覚をなくして、小松菜に飛来しづらくしています。さらには、乳酸菌など微生物を使用した生物的防除を併用して、物理的防除と併せて利用することで、できるだけ農薬の使用を減らし、安心で安全な栽培方法で小松菜を生産しています。

こうしてこれからも、地域の資源を活用した取り組みを続けていきたいと考えています」

星農場では、農薬に頼らない安心で安全な農法をどこまでも追求している。

●星農場の概要

年間を通して小松菜を栽培するため、星さんはたくさんのビニールハウスと10数カ所の露地畑を耕作している。

現在の星農場の概要についても星さんは語ってくれた。

「当初は、国の東日本大震災農業対策復興交付金事業と、宮城県、南三陸町、ＪＡグループのご支援をいただいて、２０１２年に30棟の１ヘクタールで小松菜の栽培をスタートさせました。その後に施設を増やし、現在はビニールハウスと鉄骨ハウスが、借用分も含め60棟で約２ヘクタールと、震災復旧農地を中心に露地が約６ヘクタールで、年間を通じて小松菜を栽培しています。

2015年の古今東北スタート時から、古今東北の『宮城県南三陸星農場産　しゃきっと小松菜』として、みやぎ生協で毎月の共同購入や店舗で販売していただいています。

それ以外の販売先では、地元をはじめ仙台や東京のホテルやレストランなどもあります。その他に最近力を入れているのが、学校給食や病院や福祉介護施設などの給食施設向けです」

震災の痛手から再出発した星農場が、地域にも必要な存在となりつつあることが分かった。

●「宮城県南三陸星農場産　しゃきっと小松菜」

そうした中でも星農場にとって古今東北の「宮城県南三陸星農場産　しゃきっと小松菜」は、復興を確かにしてくれている特別な存在であるとして、次のように星さんが話してくれた。

「1つ目はもっとも大事なことで、古今東北ブランドによる確かな販路があるからこそ、地域産業として農業生産ができていると私は考えています。逆に、確かな販路がなければ地域の方々を雇用して、地域産業としての役割を担っていくのは非常に困難です。

仮にどんなに順調に小松菜が生育したとしても、一般の市場流通ではどうしても全体の供給量だとか、その他の要因によって激しい価格の上下変動があり、私たち農業者はそれに振り回されたり、また安定した雇用を維持できなくなったりする多くのリスクが伴います。

そうした中で農場の安定した生産を目指すには、1年を通じて一定の価格と数量を供給することで、生産者の抱えるリスクを減少させることは大きな意義があります。星農場が、年間を通じて安心して農業生産に集中できているのも、古今東北ブランドを支えるみやぎ生協さんなどの、幅広い販売力のおかげだと大変ありがたく感じています」

小松菜が古今東北の商品となって生協などのルートで販売されることにより、星農場の復興の大切な柱になっていると星さんは感謝している。

星さんの話は続いた。

「2つ目は、他の古今東北ブランドに小松菜を加えさせてもらうことで、食材を愛し大切に扱う食品メーカーさんとの出会いができたことです。古今東北ブランドとして扱ってもらい、多くの方々に南三陸の小松菜を食べていただける機会が増え、毎年のようにつながりが広がっています。

店舗の農産コーナーにおける販売はもちろんですが、南三陸の食材を愛し大切に取り扱っていただける、素晴らしい食品メーカーさんとのネットワークもでき、星農場の役割りをさらに高めることができました。

南三陸の被災地で、これからも小松菜の生産を私も一所懸命に励みながら、古今東北ブランドに関わるさまざまな方たちとさらに交流し、イノベーションを起こしながら、いずれは日本の各地へ、さらには世界に向けて南三陸の小松菜を送り出したいものです。

こうした取り組みを私の代だけでなく、次の世代以降にもずっとつなげ、震災後たくさんの応援をいただいた全国各地の方々にも、復興と地域振興を進める私たちの思いを、古今東北ブランドに乗せてこれからも発信していきたいものです」

津波の被災地である南三陸において、星農場の小松菜を通した確かな復興が進みつつある。

12

三陸産　ことことさんま甘露煮

三陸産のさんまを使い、醤油の味や柔らかい食感にこだわった

●気仙沼へ

宮城県の北東端に位置する気仙沼市は、東側の太平洋に面した沿岸が、半島や複雑な入り江などのリアス式海岸となり、気仙沼湾の入口に大島があって、いつも静かな天然の良港となっている。水産都市の気仙沼の漁業は、生鮮かつおの水揚げが長年連続して日本一となるほか、サメ・さんま・メカジキ等においても全国屈指の水揚げを誇っている。また沿岸では、カキ・わかめ・こんぶ・ホタテなどの養殖漁業や定置網漁業などが営まれている。

東日本大震災のいくつもの映像に私は驚いたが、その1つが気仙沼での津波火災であった。津波が重油タンクや建物を次々と破壊し、大量のガレキと真っ黒な油で湾を埋め尽くして火事となり、大規模

復活した気仙沼の工場で作りました。
じっくり煮込んであるので柔らかく、骨まで食べられます。
古今東北
COCON TOHOKU
三陸産
ことこと
さんま甘露煮
「古今東北」は
"東北の震災復興と地域振興応援に賛同する人々の熱い思い"と
"時を超えたおいしさ"を伝えるブランドです。

三陸産
ことことさんま甘露煮

な津波火災が発生した。

人的被害は、2014年で直接死1109人、関連死109人、行方不明者214人の計1432人で、住宅被災棟数は1万5815棟であった。

こうした震災が影響し、市の人口は2011年2月の7万4247人が、2020年11月には6万1520人へと1万2727人マイナスで、率にすると17・1％もの減少となっている。

●株式会社阿部長商店

気仙沼駅近くのビジネスホテルから、タクシーを利用して阿部長商店の気仙沼食品を訪ねた。2014年に完成した4階建ての巨大な工場で、水産事業本部食品部長の吉田良一さん（57歳）が対応してくれた。

もらった冊子では、以下のように会社の概要を解説している。

〈阿部長商店は、1961年創業以来、三陸の雄大な海の恩恵を受けながら、当地域の基幹産業でもある水産業と観光業を軸に、さまざまな事業開発を進めてまいりました。

リアス式海岸の複雑な海岸線が織り成す自然の造形美と天然の良港、沿岸の山々から注ぎ込む川や沖合の潮流がもたらす栄養豊富で多様な海洋生命。三陸は正に世界に誇れる水産・観光資源の宝庫です。

「海の恵を美味しいままに、食品の安全と安心を食卓へお届けする」、「人と海とのふれあい、くつろぎをご提供する」をモットーに、海の恵みを最大限に活かした高品質の商品・サービスを提供し、日本全国および世界の人々の心と体の健康に貢献することが私共の願いであり使命です。

吉田良一さん

そのためには、資源の適切な管理・保護、有効利用による廃棄物の低減など、永続的利用のための視点が欠かせません。

海の恵みを活かすという意味においては、水産も観光も根は同じものであり、両事業の連携が三陸の地域資源を活かす道であると考えます。これからも地域に根ざし、地域とともに歩んでまいります〉

海の恵みを総合的に活かす海業《うみぎょう》とは、１９８５年に神奈川県三浦市で提起され、その後に各地へ広がりつつある政策概念だが、阿部長商店においてはそれより20年以上も前に、同じ理念で水産事業部と観光事業部を立ち上げているから凄い。

商品開発

１９６１年創業の阿部長商店は、１９９２年に食品加工部門マーメイド食品を立ち上げ、水産加工業を本格的にスタートさせた。水産加工品の商品ライフサイクルは短いと一般的に言われるが、ロングセラー商品を毎年出している。

代表的な商品では、東日本大震災からの復活を遂げた地域ブランド「気仙沼ふかひれ濃縮スープ」、三陸産の魚介類をスペイン産のオリーブオイルで調理した「さんまとトマトのアヒージョ」（２０１５年宮城県水産加工品品評会農林水産大臣賞）、旬のさんまを特製の甘酢に漬けて表面をあぶった「あぶりさんま」（２００３年農林水産祭天皇杯）、「さんま蒲焼き」（全国水産加工品総合品質審査会水産庁長官賞）があり、生協向けに開発した4時間煮込んでコクを出しているロングセラー商品「さんま甘露煮」は、リピーターが増え震災前の5倍も売れている。

秘訣はその時代のニーズに合わせた商品開発力で、個食や時短などのニーズに合わせ、1人での食べきりサイズや、電子レンジで温めて食べることができる、災害時にも役立つ長期保存可能など、いち早く把握し商品化している。グループのホテル内のレストランや土産物店に流通前の加工品を並べ、その反響を確かめながら開発できる利点もある。

商品開発を手がけてきた吉田さんは、こうした商品開発の経営戦略について話してくれた。

「市場で買い付けた鮮魚を当社は、氷漬けや冷凍して出荷する鮮魚仲介業をメインにしていましたが、その業態だけでは経営が水揚げに左右されるので、加工業も展開することにしました。そこで切り身の一次加工だけでなく、煮る、焼く、蒸す、炙《あぶ》る、干すといった二次加工もし、オリジナル商品の開発にも力を入れてきました」

魚の仲介業から付加価値の高い加工業へと、事業の幅を広げて今日の基礎を創っている。

●東日本大震災を経て

宮城県と岩手県の三陸に阿部長商店が経営していた9工場のうち、東日本大震災で実に8工場が全壊し、ホテルも甚大な被害を受け被害総額は数十億円にもなった。

当日吉田さんは、前年8月に完成した大船渡食品工場で働いていた。その頃の話である。

「大きな揺れがあった後に海を見ると、普段は見えない岸壁が2〜3メートルも露出し、直感的に津波が来ると思い全員で高台に避難しました。

おかげで全従業員は無事でしたが、工場1階の冷蔵施設や選別機などが壊滅状態で、2階の加工ラインは被害を免れたものの、電気や水道が全て止まり操業をストップするしかありませんでした。自分の家も流され工場も使えませんでしたが、それでも続けていた商品開発を止めるわけにはいきません。工場が稼働していない間は、避難先の妻の実家の台所を借りて試作品を作っていました」

こうした中でも商品開発を続けることができたのは、吉田さんの強い情熱と同時に、震災後も全員の雇用を続けていたことも大きい。

生きる糧である雇用を切ってしまうと、家族同様の社員を心身ともに傷つけてしまうので、会社は800人の誰をも解雇せず、全社員を休職扱いにし順次復帰させていた。阿部長商店の素晴らしい決断であり、工場のラインで働くことができない間は、工場の後片付けや市場で鮮魚の仕事をしたり、もしくは自社のホテルでの作業をしたりした。全社員の阿部長商店で働く意欲は、きっと数段高まったことだろう。

「建築制限があった気仙沼市では、すぐに新工場を建てることができず、大船渡工場が阿部長商店の復興の先駆けとなりました。ライフラインが復旧した7月には、2階の加工ラインで操業を再開し、気仙沼で働いていた従業員にも一時的にそちらへ移ってもらいました。

ところが工場を再開しても、原料の魚が入ってきません。そこでまず取引先が保管していたふかひれを使い、『気仙沼ふかひれ濃縮スープ』を開発しました。スープであれば、自社ホテルのレストランや土産物店などで展開しやすいこともありました」

ところで社員の高齢化や人手不足が再出発の大きなネックとなり、阿部長商店では機械化を進める必要があった。

「復興事業の助成金を活用していくつか新しい機械を導入し、量販店への販路開拓をしようとしました。たとえば皿の部分に加工品を載せるだけで、自動的に真空包装する横詰めの真空包装機は、人気商品の甘露煮などでも使い、以前は４人で１日５０００パックが、２人で５０００パックもできるようになりました。

　つみれ製品の運搬で大助かりしたのは各種コンベアです。小さくて軽いつみれですが、量が多いとそれなりの重量になるので人力で運ぶのは大変でした。加熱する前のつみれは形が崩れやすいので、運搬を機械化する上でも難しさがあり、衝撃を与えずつみれ同士がくっつかないように、いくつかの仕掛けをコンベアにしています。以前は６人で運んでいたラインが、今は１人が機械を見ているだけです。

　蒲焼きなどの加工品を調味ダレに漬ける浸漬コンベアは、１日に１万枚の蒲焼きに８人必要だった作業が、機械化して２人でできるようになりました。

　原料をテーブルに置くだけで均一に切ることができる刺身スライサーは、袋から出してすぐ食べることができるバイヤーさんにも好評商品の『スライスしめサバ』にも活かしています。

　コストが上がっているので、付加価値の高い加工品の開発と、機械の稼働率をさらに上げることがポイントになります」

　さすが三陸で指折りの水産会社である。

阿部長商店気仙沼食品（阿部長商店提供）

ところで震災後の最初の新事業となったのは、社員同士の交流が深まって観光事業部と水産事業部が協力し、2011年7月の「気仙沼お魚いちば」の開設であった。目玉商品の「気仙沼ふかひれ濃縮スープ」は、観光事業部のホテル観洋グループ総料理長が監修し、水産事業部の食品加工部の人たちが検討を重ね、本社の経営企画室が販促ツールを作ったりして軌道に乗せた。震災で失ったものは多いが、このように得たものも大きなものがある。

●こだわりの古今東北商品

こうした阿部長商店で製造する古今東北の商品は、以下のように多い。

①三陸産　ことことさんま甘露煮

昔から気仙沼で愛されてきた保存食「さんまの甘露煮」で、復活した気仙沼の工場で2年がかりの試行錯誤の末に完成した。脂が乗った三陸産のさんまを、保存料・着色料の化学調味料を使わず、醤油や水飴などで4時間かけて骨まで軟らかく煮込んだ、飽きのこない気仙沼の家庭の味である。

②三陸産　ジュワッといわしフライ

脂の乗った三陸産真いわしを、工場の自動計量機で瞬時に大きさを選別した後で、急速冷凍庫を使いマイナス45℃まで冷やすことで、解凍しても獲れたてに近い鮮度を保つことができる。素早い処理と適切な保存方法で、旬の美味しさを保ち生パン粉で仕上げている。

③三陸産　ぺろっとひとくちたらフライ

低脂肪の白身魚であるタラは、低カロリーなのでダイエット志向の人に好評である。消化吸収もよく、高齢者や病人の体力回復にも効果的で、病院食にも使っている。三陸沖で漁獲された真タラを使用して生パン粉をまぶし、高齢者や子どもでも食べやすい一口サイズに仕上げている。

④気仙沼産　亀洋丸とろっとかつお刺身

第18亀洋丸が、8〜10月にかけ三陸沖で漁獲した戻りかつおを、漁獲後素早く急速凍結し、一度も解凍することなく凍ったまま刺身用のサクまで加工し鮮度は高い。

⑤三陸産　どっしりさんま竜田揚げ

震災前は全国の生協の共同購入で年間10万パック以上の売上実績がある人気商品で、震災後も味や調味液の配合は変えず、秘伝の醤油味醂タレを使い丁寧に粉をまぶしている。

⑥三陸産さば使用　パクっとさば竜田揚げ

秘伝のタレを使い、気仙沼や大船渡で水揚げされたものだけを使用し、脂が乗ってジューシーな味わいである。

⑦三陸産さば使用　ふわっとしっとりさば水煮

骨まで柔らかくて調理不要、気軽にそのまま食べることもできる。

説明の後で私は、「**三陸産　ことことさんま甘露煮**」を試食させてもらうと、柔らかく美味を堪能することができた。

その後で見学者用の服や帽子や長靴を身に着け、吉田さんに案内してもらい機械で魚を切るなど自動化の進んだ工場内を見てまわった。衛生管理がしっかりして臭いも少なく清潔であった。

⑬

気仙沼大島産ゆず果汁使用　かおるゆず味噌

古今東北を学んだ大学生の提案で、被災地応援の商品とした

●登米《とめ》市へ

かつて藩政時代の城下町でもあった登米市は、盛岡と石巻を結ぶ北上川による水運交通の要所で、古くから米や大豆を原料とする醸造業が盛んな土地である。

1871年の宮城県北部と岩手県南部には登米藩があり、その県庁舎だった建物が登米市に今もある。このため「みやぎの明治村」とも呼ばれ、史跡や文化資産も多く文化的で静かな街並みを残している。なお登米市は「とめし」であるが、市内の登米町は「とよままち」と読む。

2020年10月のある日の朝、古い町並みの一角にあるヤマカノ醸造株式会社を私は訪ね、表通りに面した大きな蔵に案内された。白い漆喰壁の2階建

気仙沼大島産ゆず果汁使用
かおる ゆず味噌

てで、美しいなまこ壁が年代を感じさせてくれる。2階の大きな木製のテーブルのある部屋で対応してくれたのは、五代目の代表取締役社長の鈴木彦衛さん（52歳）、常務取締役の鈴木仁さん（59歳）、営業部専任部長の尾﨑秀年さん（64歳）、業務企画管理部課長商品開発担当の及川順子さん（53歳）で、それぞれが古今東北の商品開発に関わってきた方たちであった。

当日もらった資料によれば、ヤマカノ醸造は以下の部門で構成している。

①味噌製造……………登米産の特別栽培大豆と特別栽培米を使い、原材料にこだわり、昔ながらの本場仙台味噌の醸造手法を守りながら時間をかけて造っている。

②醤油製造……………二段火入れ方式による手間暇かけた醸造法で、香り・味・色のバランスが整い円やかな味と風味豊かな醤油に仕上げている。

③つゆ・たれ製造…一般家庭用と業務用・加工用商品を生産し、地産地消の原料を使用したオリジナルのつゆやオーダーメイドのタレも製造している。

④営業…………………一般家庭向けの家庭営業と、小ロット対応のプライベートブランド販売の加工営業の部門がある。

⑤商品開発……………開発スタッフの知識、試作経験、開発実績により、客の求める味を追求し提案している。

⑥品質管理……………原料、工場内の環境、製品は、独自の品質基準を満たしているかチェックしている。

こうしたヤマカノ醸造では60人が働いている。

左から尾﨑秀年さん、
及川順子さん、
鈴木彦衛さん、
鈴木仁さん

●ヤマカノ醸造

鈴木彦衛さんから、パンフレットに沿って会社概要の話があった。

「明治42年創業の当社は、『真心をこめて人々に喜ばれるものを造り、販売することに誇りと楽しみを共にしよう』をモットーに、伝統技術を守り地産地消を大切にしながら、これまで味噌と醤油の醸造販売業をしてきました。工場は、宮城県の食品衛生自主管理規程の認証を受け、日本の伝統文化でもある蔵を利用し、昔ながらの仙台味噌の醸造製法を守って製造しています。これからも東北の未来に向けて、今出来ることを一歩ずつ積み重ねているところです」

日本の食事になくてはならない味噌は、大豆や米、麦などの穀物に、塩と麹《こうじ》を加えて発酵させて造る日本の伝統的な発酵食品の一つである。原料により豆味噌、米味噌、麦味噌があり、また種類により赤味噌、白味噌、合わせ味噌などと区別する。起源には、古代中国の醤《ひしお》からとする中国伝来説と、奈良時代に豆の粒が残る未醤《みしょう》があったとする日本独自説がある。室町時代以降になると、各地の風土や気候などを反映し、材料と塩の比率や熟成方法を変えるなど異なる多様な味噌が製造されてきた。

その１つが仙台味噌で、仙台藩初代藩主の伊達政宗が、城下に設置した御塩噌蔵《おえんそぐら》で造らせた味噌で、米麹と大豆による辛口の赤味噌である。大豆の比率が他に比べて高く、それが発酵し熟成することでふくよかな香りを生み、味は濃くなるが、大豆の旨み成分が凝縮されているため使う量は少しですむ。製法は、大豆と米を丹念に水で洗い一晩ほど浸し、煮るのでなく蒸し上げることで旨みを逃がさないのが特徴である。米も同様に蒸して芯まで柔らかくし、種麹を混ぜ合わせて米麹を完成させ、塩と冷却した蒸し大豆を混ぜ合わせてからすり潰し発酵熟成させる。効率を優先させた一般的な速醸法で造った味噌に比べると、製造に日数がかかりそれだけ味にコクが出る。

東日本大震災のときについても鈴木彦衛さんから話があった。

「おかげさまで震災で人的な被害はありませんでしたが、この蔵の壁や工場の一部や木造の門が壊れ、蔵で５５００万円と工場で３５００万円の改修費がかかりました。

地震の影響で電気とガスと水道がしばらく止まり、20日後から製造を再開し、その年の売り上げは前年の３割減になったものです。だいぶ復興してきましたが、まだ震災前の９割ほどです」

東日本大震災で最大震度が６強となった登米市は、建物やインフラなどに影響が出た。

こうした中でも、味噌が主力だと鈴木彦衛さんは話を続けてくれた。

「味噌は生きた発酵食品ですから品質を一定に保つことは難しいですが、長年の経験で培われた技と製造環境で、大豆の旨みと深い香りの生きた仙台味噌を造っています。その中でも特に地元登米で、農薬や化学肥料の使用量を通常の半分以下にした、特別栽培の大豆と米にこだわった商品が登穀《とこく》味噌です。

登穀の名称は、当社の職員による募集から決めたもので、私たちの自慢の商品です。みやぎ生協には20年ほど前から扱ってもらっているし、2002年に第6回みやぎものづくり大賞において奨励賞をもらい、宮城県認証食品としてEマークを取っています」

登穀味噌のこだわりは、大豆と米だけでなく、大豆の皮を一粒一粒取り除く完全脱皮もあり、滑らかな食感になって深みのある味わいにしている。

●気仙沼大島産ゆず果汁使用の「かおるゆず味噌」と「ふわっと香るゆずポン酢」

こうした登穀味噌を使った製品が、2017年から古今東北で販売している「**気仙沼大島産ゆず果汁使用　かおるゆず味噌**」である。

「太平洋に浮かぶ緑の真珠」ともいわれる気仙沼大島は、気仙沼湾内に浮かぶ東北地方で最大の有人離島で、かつて「北限の柚子《ゆず》」の産地と呼ばれ頃もあった。東日本大震災で南北に細長い島の中央の低地を東西からの津波が分断し、また山火事など甚大な被害が発生した。震災で生産者は半減したが、小粒で爽《さわ》やかな香りと酸味の貴重なゆずが育っている。冬に実を付けるゆずは、気候条件や日当たりなどによって品質や収穫量が大きく変化し、安定して収獲することが難しい。そのこともあって、高齢化したゆず生産者の後継者がいなくて大きな課題となっている。

古今東北の商品開発に関わったそれぞれの方の話で、まずは業務企画部として登穀味噌の開発を担当した鈴木仁さんである。

「大豆の殻を取り除いて造った登穀味噌は、日本酒にすれば米粒の4割を削り香りも楽しむ吟醸酒です。仙台味噌を造り続けてきた当社の伝統の技で、登米地域の農家の情熱がたくさん詰まった大豆と米を、コクのある味噌に仕上げることができました。

東北のこんなに美味しい味噌を全国の人にも味わっていただき、10年前の震災からの復興が進んでいることも知ってもらいたいものです」

女性の立場で開発に関わった及川さんも思いは熱い。

「古今東北とコラボ商品の開発話を聞いたとき、十数年前に味わった気仙沼大島のゆず果汁を思い出しました。完全脱皮させた大豆で造った登穀味噌は、色みがとても良くてゆず味噌のイメージにも合います。

ヤマカノ醸造本社（ヤマカノ醸造提供）

開発で難しかったのは、ゆずの香りと味噌の風味のバランスで、どちらも消さずにお互いを引き立たせるため何回も組み合わせを変え、完成までに1年半もかかりました」

営業部の尾崎さんは、利用者が持つイメージにもこだわったと話していた。

「需要が高まっている大島のゆずですが、後継者がいないので安定した生産がいつまで続くのか心配です。古今東北のゆず味噌を開発するにあたって、どの味噌を使えばいいのかも悩みました。一般にゆず味噌を作るには、黄みがかった淡色の信州味噌を使うことが多く、クリーム色のイメージが定番です。だから赤味噌では、消費者が嫌うのではないかと心配もありました。それでも登穀味噌をどうしても使い、登米の味噌と気仙沼のゆずで宮城ならではのゆず味噌を作ろうと、携わった全員が思いをひとつにしたものです」

三陸産のこんぶで旨みをさらに加え、登米と気仙沼の恵みが一杯詰まった**「気仙沼大島産ゆず果汁使用　かおるゆず味噌」**が完成した。

このゆず味噌での美味しい食べ方は、ゆずの風味と味噌の香ばしい匂いが食欲をそそる味噌焼きおにぎりもあれば、そのまま生野菜に付けて食べたり、マヨネーズと和えて「ゆず味噌マヨ」にするなどもある。

テーブルの上にこの**「気仙沼大島産ゆず果汁使用　かおるゆず味噌」**が小皿で出てきたので、生野菜と一緒に食べると、ゆずの爽やかさと味噌の旨さがゆっくりと口の中で広がった。

ヤマカノ醸造で製造している古今東北のもう1つの商品は、2018年から販売の**「気仙沼大島産ゆず使用　ふわっと香るゆずポン酢」**である。宮城学院女子大学の現代ビジネス学科ゼミ学生のアイデアにより、ゆず味噌と同じく気仙沼大島産ゆずに、丸大豆を100％使用した風味豊かで芳醇な香りや冴えた色合いの特選丸大豆醤油と、三陸産こんぶや枕崎産かつお節だしを加え旨みがほど良く調和している。

地元の農業生産者や水産関係者との連携を強化して、ヤマカノ醸造ならではの地産地消を大切にし、お客に喜ばれる物作りをしっかりと進めている。

●ヤマカノ醸造のチャレンジ

伝統を大切にしつつヤマカノ醸造では、新しいことへのチャレンジにも意欲的に取り組んでいることを、最後に鈴木彦衛さんが語ってくれた。

「2014年から2016年度の戦略的基盤技術高度化支援事業で、スーパー酵母の『白神こだま酵母』を使った新しい発酵調味料を当社は開発し、それを使った加工食品で付加価値を高めています。この調味料は、旨みや風味や保存性を向上させ、また塩分を控えめにしたり臭み消しなどの特性を持っているので、無添加で安心安全な農水畜産加工品が期待できます。

地元出身の漫画家の故・石ノ森章太郎とコラボし、仮面ライダー1号のキャラクターをラベルに使用したり、新しいご当地グルメである『仙台づけ丼』用のタレや、味噌のコクとにんにくの香りにピリッと粗挽き黒コショウが食欲をそそるガーリック味噌ダレも商品化しています。

2019年はスペインでの文化交流に招いていただき、仙台味噌の魅力を宣伝させてもらい、スペイン産イベリコ豚を使った味噌漬けは大好評でした」

ヤマカノ醸造は、味噌を通して素晴らしい日本の発酵食文化を海外にまで広げている。

「香ばしの元祖あぶら麩《ふ》」

ヤマカノ醸造のすぐ近くに、全国的にも珍しい揚げ麩を約150年前から作っている元祖熊本油麩店がある。白い漆喰壁の木造の建物で、ここも風情があった。

登米市の名産品で、古今東北では**「岩手県産小麦『銀河のちから』使用　香ばしの元祖あぶら麩」**として扱っている油麩は、材料に小麦からとれるたんぱく質のグルテンを使い、練り上げて棒状にして食用油で揚げている。登米地方にはお盆に精進料理を食べる風習があり、たんぱく源としてグルテンを油で揚げてコクを持たせた油麩が誕生した。

北上川がゆっくりと傍を流れる登米で、豊かな食文化を大切に今も育んでいる。

14

石巻十三浜産　しゃきしゃき湯通し塩蔵わかめ

食感が良い外洋のわかめに限定して開発し、若手漁師を増やす活動も支援している

●石巻十三浜へ

２０２０年10月のある日の昼前に、石巻市の市街地から古今東北の職員の車で北上し、途中で合流した北上川で右折し土手を東へと向かった。途中の大川小学校で下車し、震災で亡くなった子ども74人と教職員10人の慰霊碑の前で合掌して読経した。初めて訪ねたのは震災の２カ月後で、まだガレキが多数散乱し、目を閉じると子どもの泣き叫ぶ声が聞こえてきそうであった。

東北最大級の北上川が流れ、その河口から南三陸町までの海岸に13の集落が点在し十三浜と呼ぶ。北上川が山から運ぶ豊かなミネラル分と、地形が生む荒々しい波に鍛えられたわかめやこんぶは、食べるとしゃきしゃきと音が出るほど肉厚である。

国道３９８号から急な斜面を降りるとすぐに海が広がり、陸と海のわずかな隙間にいくつかの建物が並んでいた。新しい作業場の２階にある事務所で対応してくれたの

石巻十三浜産
しゃきしゃき
湯通し塩蔵わかめ

は、漁業生産組合浜人《はまんと》代表取締役と一般社団法人フィッシャーマン・ジャパン代表理事を務める阿部勝太さん（35歳）であった。現役の漁師だが、海に生きる男の荒々しさはまるでなく、自身の取り組みや漁業の今後について語ってくれた。

●阿部さんの生い立ち

1986年に十三浜で生まれ育った阿部さんは、子どもの頃から手伝っていた先祖代々のわかめ業を継ぐつもりでいたが、5年間だけ漁師以外の世界を見たいと父に頼み、2004年に石巻商業高校を卒業してから、仙台、東京、愛知と移りいろいろな職場で働き、さまざまな人に出会っていくつもの社会勉強をしてきた。

5年後の2009年に親との約束を守って実家へ戻り、父の下で漁業を始めた阿部さんだったが、その厳しさに驚いたと話してくれた。

「仕事が多いときは毎日15時間も働き、盆や正月を含めて休みは年間で約40日しかなく、命に関わる危険があるのに、少ない収入でしかありません。せっかく苦労して品質の高いわかめを作っても、市場の競《せ》りで決まる仕組みではそうした努力が価格に反映されません。

祖父や父のようにこのままずっと続けるのかと思うと、私には漁師としての働き甲斐を感じたことが正直ありませんでした。会社で借金するときは父親名義で、どこか父に養ってもらって人生が受け身のようにも感じ、なかなか仕事に熱が入らなかったものですよ」

漁業に限らず農業や林業においても、長時間の重労働に比べて収入が低いことや、市場で価格が決まるため生産者の希望する価格との間に大きな差があるなど、1次産業で働く若者にとって大きな問

阿部勝太さん

題となっている。

●東日本大震災

そうした不満を持つ阿部さんを変えるきっかけは、十三浜にも大きな被害を与えた東日本大震災だった。津波の犠牲となった親友や、地元を離れた仲間もいる。集落の養殖施設が全壊で漁船の9割が流失し、住宅と加工場も9割が全壊となり風景が一変した。そのときの阿部さんの気持ちである。

「突然の大震災にあい、自分の身にいつ何が起こるか分からないし、明日死んでしまうかもしれない現実がよく分かりました。そんな経験をしたからこそ、今のうちに漁師としてできることをしようと強く考えました。

仮設住宅で暮らし、地域のガレキ撤去などのボランティアに区切りがついた頃、浜の仲間はクレーンの免許を取っていました。十数年間は復興関連の土木事業がありそうで、転職するためです。補助が出るとはいえ多額の借金をしてまで、漁業を再開する気力がない人もいたのです」

漁業の船や加工場などには、1000万円単位の費用がかかり、返済の目途が立たなければ借りる計画を立てることもできず、日銭の入る仕事を選ぶのは当然でもあった。

それでも阿部さんは、漁師として地元で頑張ることにした。

「ガレキの撤去しながら海をながめていると、本当に復興できるのかと私も不安になりました。漁業の経営がますます悪くなり、十三浜だけでなく日本の水産業がたいへんになっています。

海で獲った物が、どこへ流れて誰が食べているのか漁師には分かりません。でも自分たちが収獲した品は、誰にも負けない自信があり、その良さを自分たちで押し出していきたいと考えました。

『たくさん勉強して、俺の仕事を継ぐな』と、我が子に諭す漁業はしたくありません。何としてでも従来のやり方を変えたいし、やるなら自分が楽しいと感じる仕事にしたかったのです」

阿部さんは、ピンチをチャンスと捉えた。

●浜人の創立

これ以上辞める漁師を増やさないため、労働力を集約して船や加工工場も共同して使い、利益を分配する漁業生産組合の話が、阿部さんの父親世代で始まった。補助金の受け皿としても必要であった。しかし、阿部さんは収穫物を漁協に卸すこれまでと同じ経営に疑問を感じ、親世代と会議したが意見は一致しなかった。

阿部さんは、どうせなら根本から変革したいと考え、漁業のどこに本質的な問題があり、それにどう対応すればいいのか考えることにした。その頃の様子について阿部さんが話してくれた。

「分からないことは他人から教えてもらうしかないので、時間を作っては各地を飛び回わりましたが、漁業では見つけることができませんでした。諦めかけた時です。自分たちで農作物の売り先を見つけて運んでいた『宮城のこせがれネットワーク』と出会い、漁業でも生産から加工と販売まで責任を持つ6次産業に踏み切る決心をしたのです。

地元の若い仲間に話すとすぐ賛同してくれましたが、親世代は大反対でした。最終的にこれまで通り漁協に出す分と、若手が独自販路で販売するための両方に分け、少しずつ経営も安定してきました。漁師の仕事を客観的に見て疑問を持つことができたので、具体的に仲間と変えようと動くことができました」

浜人は事業規模を順調に広げ、若い従業員も増え加工場を1つ新設した。

なお、「宮城のこせがれネットワーク」は、古今東北「**宮城県白石産　こくさら竹鶏卵**」の生産者の志村竜生さんが代表者である。

●「石巻十三浜産　ぷりぷり湯通し結び昆布」と、「石巻十三浜産　しゃきしゃき湯通し塩蔵わかめ」

こうした浜人の加工品に、古今東北の「**石巻十三浜産　ぷりぷり湯通し結び昆布**」と「**石巻十三浜産　しゃきしゃき湯通し塩蔵わかめ**」がある。

実は生協との関連は、以前からあったことを阿部さんから聞いた。

「震災から2年目の頃です。仙台の魚市場からみやぎ生協を紹介してもらい、4店で週に1回わかめとこんぶの販売をさせてもらいました。

ところで十三浜わかめは、市場では有名で私たちも自慢でしたが、食べる人の評価はどうなのかと心配していました。店で利用者から『美味しかった』と直接聞くことができ、たいへん嬉しかったものです。

そのこともあり、古今東北の話を聞いたときは喜んで参加させていただき、順調に利用が伸びているので感謝しています」

収穫した身の厚いこんぶは、まず熱湯に短時間通すと鮮やかな緑色に輝く。部位ごとに切り分け、芯を一本一本手作業で取り除き、塩水に浸す塩蔵をしてから重しを乗せ、約2日間かけて脱水し手作業で結びこんぶにする。

わかめも筋を取っているので食べやすく、肉厚なので歯ごたえがあり、しゃきしゃき感を味わうことができる。加工場では、温度管理にこだわって常に一定に保ち、雨風や日光を避けて色落ちを防ぎ濃い緑で提供している。

TRITON PROJECT（フィッシャーマン・ジャパン提供）

●フィッシャーマン・ジャパン

阿部さんが深く関わっているのは、浜人だけではない。口調に熱を帯びてきた阿部さんは、フィッシャーマン・ジャパンについても語ってくれた。

「日本の漁業を見ると、震災以前からいくつもの構造的な問題を抱え、このままいけば衰退するしかありません。震災やコロナは、悪くなるスピードを上げているだけです。

そこで特に大切な担い手育成と水産物販売の事業を柱に、日本全体を視野に復興を超えた革新的な産業構築へ挑戦するチームとして、一般社団法人フィッシャーマン・ジャパンを2014年に立ち上げました。

参加した漁師8人と魚屋3人と事務局2人で、まずは自分たちが本当に格好良く稼ぐことのできるフィッシャーマンになることを目指しました。そのために考えたのが新3Kですよ」

きつい・汚い・危険の3Kは私も知っていたが、新3Kとは初めて聞くので阿部さんに説明してもらった。

「新3Kとは、フィッシャーマン・ジャパンの目指すもので、格好いい、稼げる、革新的を意味します。若者が喜んで働くためには、ダサくてはダメで、まず何よりも格好良くなくてはなりません。小学生では、格好が良いと憧れにもなります。格好良い舟や服にもこだわり、漁師の作業着や雨合羽姿でも、町へ買い物に出かけても恥ずかしくないように、ある大手のアパレルメーカーと共同で作っています。音楽やファッションでも、格好良さを強調することです。

次が収入で、仕事に見合った金額を得て、家族が安心して暮らすことのできることで、少なくても公務員並です。中学生から高校生や大学生になると、現実的となって手取りの金額が大切になります。

そしてこれまでの仕組みではなく、漁師が価格を決めるなどの革新的なことで、新3Kは皆で話し合ってまとめたものです」

確かにこの新3Kが実現すれば、3Kの1つと言われている漁業に新しい風を吹き込むことができるだろう。それにしても単なる掛け声でなく、新3Kを実践するとなると簡単なことではない。

実現させていく仕組みについても阿部さんの話があった。

「新3Kに沿って2024年までに1000人の新フィッシャーマンを創り出す予定で、担い手育成事業をしているのがトリトン・プロジェクトです。フィッシャーマン・ジャパンが主体となり、暮らす場のトリトン・ベース、学ぶ場のトリトン・スクール、仕事を探すトリトン・ジョブを運営しています。

もう一方の水産物販売事業は、株式会社フィッシャーマン・ジャパン・マーケティングが対応し、漁場からお客様へ水産物を届けるB to B事業や、東京都での直営店を営業する飲食事業もあれば、アジアを中心とした販売の海外事業もあります」

しっかりとした計画を組んで実行している。なおトリトンとは、ギリシア神話に登場する海神で、チラシやホームページには全てTRITONと書いてある。凄い取り組みが展開中で、これらが高く評価され、2017年度「新しい東北」復興・創生顕彰を受賞した。

●フィッシャーマン・ジャパンの事務所

後日に石巻の駅近くにあるフィッシャーマン・ジャパンの事務所を私は訪ね、事務局の明るい高橋由季さん（36歳）が対応してくれた。漁師になりたい人や漁業に興味のある人などが集まり、情報交換などもできる場を兼ね、インターネットを介したクラウドファンディングで資金を調達し2019年に完成した。

阿部さんから聞いていた漁業を学ぶ短期研修プログラム、水産業専用の求人サイト、空き家をリフォームし新人漁師が暮らす7軒のシェアハウス、「子どもが憧れる職業に」をモットーに子ども向けの漁業体験、2017年から100人近くの学生が参加してきたインターンシップなどについて聞くと、次々に資料や写真などを出してきたので、その量と内容に圧倒された。

「これまでに42人の新たな漁師を宮城県に誕生させました。古今東北の販売収益の一部は、担い手育成にも利用させてもらっています」

フィッシャーマン・ジャパンを通して古今東北の利用が、漁業の復興に貢献していることを知り私も嬉しかった。

15

東松島市浜市《はまいち》産かき使用　磯の香り立つかき飯の素

震災の後も養殖を続けた2人の浜市生産者のカキに限定して開発した

●本田水産へ

2020年10月のある日の午後に私は、石巻駅からJR石巻線に乗り、北東へ7キロメートルほどにある渡波《わたのは》駅で下車した。

人口が約16万人の石巻市は、東日本大震災で死者3278人と行方不明者425人が犠牲となり、建物では全壊2万39棟、半壊1万3039棟、一部損壊2万3615棟の計5万6693棟に被害がでた。

牡鹿半島の付け根で海岸に近い渡波も被害が大きく、みやぎ生協石巻渡波店はしばらく営業することができなかった。

駅の前を海岸沿いに走る国道398号線を、徒歩で10分ほど北上すると目的の本田水産株式会社に着いた。

東松島沖の豊かな漁場だから育つことができた1年もの「浜市の牡蠣」です。
かきエキスを入れたタレで風味豊かなかき飯が楽しめます。
東松島市浜市産かき使用
磯の香り立つかき飯の素
「古今東北」は、"東北の震災復興と地域振興応援に賛同する人々の熱い思い"と"時を超えたおいしさ"を伝えるブランドです。
古今東北
COCON TOHOKU

東松島市浜市産
かき使用
磯の香り立つかき飯の素

何棟かある1つの2階の会議室で対応してくれたのは、2代目の代表取締役である本田太さん（69歳）である。

本田水産のこだわり

まず本田さんは、石巻の素晴らしさと本田水産のこだわりについて語ってくれた。

「自然環境に恵まれた石巻は、金華山沖が世界3大漁場の1つとして知られ、カキ以外にも四季に多くの魚介類が集まる食材王国です。南の魚も北の魚も獲ることができ、魚種の豊富さは日本一で、養殖も盛んでどの食材もすごく美味しいのです。

弊社は1947年の創業以来、『宮城のものを、石巻で美味しく加工し、全国の食卓へ』をモットーに水産加工に励んでいます。全商品を人の手で真心と愛情込めて作り、ていねいさを加わえることで美味しさが増します。自社ブランドの『浜市かき』をはじめ、宮城県産のカキの他にも、石巻港で水揚げした『金華さば』や、ホヤとウニなど、宮城県産の美味しい海の幸を扱っています。

また食べる方の健康を考えほとんど添加物は使わず、美味しいと同時に体にも優しい商品にこだわっています」

なお本田水産には、①正しい産地や海域の表示をする正確な販売、②本来の旨みを逃がさず殺菌海水で処理する味の保証、③毎日衛生検査を実施し安全対策に努める衛生管理の3つの約束がある。

若い頃に東京の築地で働いていた本田さんは、全国から集まる質の高い魚介類をたくさん扱った経験があり、目利きには絶対の自信を持ち、併せて地元石巻の誇りが原動力となっている。

そうした本田さんにとっても、東日本大震災の被害の影響は大きかったと話してくれた。

本田太さん

「震災の時に弊社では、惣菜の加熱をしていました。全員の安否確認をしてから家族の心配な従業員は帰し、残念ながら3人が犠牲となりました。中国人の研修生18人は、妻に頼んで近くの山へ避難させ全員が無事でした。

津波が押し寄せ、車や施設や保管してあった魚介類などで総額2億円の被害となりました。

私は海水に浸かった工場へ戻り、事務所の石油ストーブで炊飯しながら一夜を明かしました。津波の影響を受けたたくさんの魚介類は、販売することはできませんが食べることができました。そこで近くの避難所へ運び、地域の人たちに食べて喜んでもらったものです」

工場には4・5メートルの津波が押し寄せてきた。地域が地震で沈み、満潮時になると毎日のように工場へ海水が入ってきた。その状態は、仮堤防と排水ポンプを設置する6月中旬まで続いた。

そのときの本田さんの心境である。

「石巻の地名は、震災で特に被害のあった地域の1つとして全国的に有名となりました。多くを失い、浜の漁師の人たちも養殖場や舟などが大きな被害を受けました。

私たち水産加工業者は、これまで三陸の浜と共に生産してきました。浜の方々がいてくれたからこそ、今があります。震災で加工業者も大変な時でしたが、今こそ浜の人たちを助けて一緒に再生させたい思いを強く持ったものです。

従業員も以前の半数ほどが戻り、カキやホヤなどの生産と加工ができるようになりました。震災で大変だった石巻ではなく、『カキ、ホヤ、金華さば、魚が美味しい石巻』を全国の皆様に知ってほしいものです」

たいへんな状況から、本田水産の再出発があった。

●「磯の香り立つかき飯の素」

多種類の魚介類を扱っている本田水産で、中でもカキは特別だと本田さんは話してくれた。

「昔から弊社ではカキを主に扱い、その中でも特に力を入れているのは、1995年に出会った東松島市の浜市カキです。標高千メートル級の山々にあるブナなど広葉樹林から、たくさん湧き出るミネラルたっぷりの水が、鳴瀬川と吉田川によって石巻湾に流れ込む河口に浜市はあります。

このためカキの餌となる植物性プランクトンが豊富で、普通の養殖では2年かけて収穫しますが、浜市ではわずか1年で大きく育ち、身が締まり弾力も良いぷっくりとしたカキに成長し、つやのある乳白色で特有の生臭さがなく旨みも抜群に良くなります。

生産者も工夫し、普通の養殖では10メートルの綱を海の中に垂らしますが、浜市では5メートルの綱の2本をセットし、上下を入れ替えて均一な成長につなげています。

私はすっかりほれ込み、生産者とともに浜市でのカキ養殖の発展に関わってきました。東日本大震災で浜市では、家やカキイカダだけでなく設備や道具などの全てを流され、6人いた生産者は2人になってしまいましたが生産を今も続けています。

そこで弊社のホームページでも、浜市のカキを積極的に紹介しているところです」

もらった本田さんの名刺には、浜市のカキの赤いロゴマークが大きく印刷してあり、ほれ込んでいることがよく分かる。

美味しいカキをより安全に安心して食べてもらうように、本田水産ではマイクロバブルを利用した洗浄もしている。直径が1ミリメートルの1000分の1になるマイクロの泡は、通常の泡よりゆっくり浮かび吸着する能力があり、汚れを海面まで運ぶのでカキの汚れを取ることができる。

こうした安全で安心な浜市のカキを使っている商品の1つが、古今東北の「**東松島市浜市産かき使用　磯の香り立つかき飯の素**」である。

本田さんの話は続いた。

「浜市の美味しいカキを浄化水槽に一昼夜入れ、浄化した殻付ガキを一粒一粒ていねいに手でむいて選別し、湯洗いでぬめりを取ってから冷却殺菌海水で洗浄し身を引きしめます。味付けをするときに、カキエキスに魚醤や、こんぶエキス、食塩、米酢、かつお酢エキスを入れた特製タレを使うことで、よりカキの旨みを際立たせて『**磯の香り立つかき飯の素**』にしているのです」

部屋の一角に炊飯器がセットしてあり、「**東松島市浜市産かき使用　磯の香り立つかき飯の素**」を使った炊き立てのご飯を、私は茶碗に一杯頂いた。上品な香りのする柔らかい味のカキ飯を、ゆっくりと噛みしめることができた。

●「宮城県産ほや使用　プリ甘ほやのへそ」

本田水産で製造している古今東北のもう一つの商品は、「**宮城県産ほや使用　プリ甘ほやのへそ**」

である。こちらについても本田さんが説明してくれた。

「宮城県は、ホヤの生産量で全国1位が以前はしばらく続き、また養殖の発祥地でもあり、県を代表する海産物の一つです。金華山から北で採れるホヤは、3年から4年かけてじっくり育てています。

石巻市から秋田県由利本荘市に至る国道398号は、沿線の農家で田植えや収穫の農繁期に、ホヤとお酒をたしなみ疲れを癒す風習があり、別名『ホヤ街道』とも呼ばれていたこともありました。それほどこの地域でホヤは好まれています。

ホヤの形から別名『海のパイナップル』とも呼ばれ、収穫は春先から夏にかけてで、低カロリーでミネラルが多く健康に良い海産物です。旬の夏にはグリコーゲンが高くなり、身も厚くて甘みと旨みが増します。

ホヤは海水中では適温ですが、水揚げ後は温度変化によって鮮度が落ちやすくなります。そのため水揚げ後の運搬と加工の際に弊社は、冷やした海水でホヤの活きが良い状態で加工しています」

日本の年間ホヤ生産量約2万トンの中で、震災前の宮城は7000~1万トンあり、1970年頃から他の産地に大差をつけた大産地であり、7~8割を韓国に輸出しキムチなどに加工されていた。

しかし、震災で宮城県におけるホヤの生産や流通は激変した。養殖用イカダは全て流され生産ができなくなったことと、育つのに3年かかるホヤがやっと復興しても、原発事故で宮城を含む8県産の水産物の禁輸措置を韓国がとり、宮城では生産を大幅に減らす一方で、北海道が韓国向けに生産を増やした。このため2019年のホヤ生産量は、宮城県の5200トンに対して北海道が5800トンもあった。

宮城でホヤは、震災後しばらく養殖の流通が止まり、天然しかないので価格が高騰した。そうした

本田水産（本田水産提供）

中で本田さんは、韓国の知人業者の好意で２０１１年６月にホヤを輸入し、震災前に生産していた味付ホヤの製造を再開し地元の人々に喜ばれたし、一旦解雇した従業員を一部再雇用して会社の復興の足掛かりにもなった。

宮城でホヤの生産がやっと再開しても、販売先がなくて大量の廃棄処分をしたこともある。当時の状況についても本田さんは話してくれた。

「ホヤも流通しないと共に生きてきた浜がつぶれてしまうので、商品を開発することにしたのです。

ホヤの根に近い肉厚の部分は、産地では昔から『へそほや』と呼び、クセがなくえぐみも少なくて食べやすい箇所です。１個のホヤから１個しか取れない貴重な部分で、サッと水洗い後に酢醤油や刺身風にわさび醤油で美味しく食べることができます」

「宮城県産ほや使用　プリ甘ほやのへそ」を私は試食させてもらった。以前に何度か食べたホヤ独特の苦みを含んだ強い味でなく、上品な優しい舌ざわりであり、これであればフルーティーな香りの吟醸酒やワインのつまみにも合うと私は感じた。

ホヤは、甘み、塩み、酸み、苦み、旨みと５つの味覚を持つといわれ、日本人が主に食べているのは真ボヤと赤ホヤで、日本のホヤ生産量約２万トンの大半が養殖した真ボヤである。

ホヤのさらなる利用の拡大には、東北以外の地域における美味しさの宣伝もあれば、2020年に初めて宮城県でも発生したホヤの貝毒への対応や、熟練を要する水産加工場で働く人の確保など課題はいくつかある。

それでも2014年に、ホヤの認知度向上や販路拡大を通じて、東北の振興を目指す一般社団法人「ほやほや学会」の設立など、新しい動きが広がりつつある。

●本田水産の今後

本田水産の今後について本田さんに語ってもらった。

「石巻には美味しい魚介類がたくさんあるので、大量生産して価格競争するのでなく、何でもできる弊社は、良い素材に他がしない工夫して売ることを考えています。本業のカキでも、販売機会の限られる生だけではなく、加工品の開発にも力を入れるつもりです。

またカキだけに頼っていると不漁や売れない時に困るので、わかめ、鮭、ウニ、ホヤ、ホタテ、さんま、さば、いわし、小女子《こうなご》などを使い、加工の方法も刺身用のフィレ、燻製、天日干し、塩辛、オイル漬け、味噌漬け、味噌煮、アヒージョ、コンフィなどを工夫しています。

すでに補助事業で、骨まで軟らかくする煮魚用圧力鍋や、カキエキスを抽出する減圧液体濃縮機を導入したので、今後も商品開発を続けます」

もらった2020年製品案内には70種類以上も掲載され、いくつもの品評会で受賞した商品もあった。

本田水産の今後がますます楽しみである。

16

青森県産ヒバ使用　森香る消臭・除菌スプレー

貴重な青森県産ヒバを原料に、除菌のデータを確認し販売実験を重ねた

●株式会社グリーディーを訪ねて

仙台市の中心地にあるビルに株式会社グリーディーを訪ねたのは、2020年9月末の雨の日であった。湿気が高く、コロナ対策のため掛けているマスクもいくらか湿って、階段を急いで上がるときなどは少し息苦しかった。訪ねた先はマンションの1室を改造し、まだ下の階から引っ越しをしたばかりとのことで、段ボール箱などが床にいくつかあった。

代表取締役の浜出理加さん（53歳）に会い、まずは古今東北の商品の「**森香る消臭・除菌スプレー**」を見せてもらった。

細長い160ミリリットルの容器で、キャップを外して指で押すと中の液体が霧状になって

青森県産ヒバ使用
森香る消臭・除菌スプレー

飛散する。ラベルには、**「青森県産ヒバ使用　森香る消臭・除菌スプレー」**とあった。

浜出さんが明るい声でスプレーの説明をしてくれた。

「癒しの香りと抗菌効果を持つ青森県産ヒバを使って、ふわりとヒバの良い香りが漂う森香る消臭除菌スプレーにさせてもらいました。合成成分やアルコールは使わずに、原料は１００％安心安全な植物由来の商品です。

青森ヒバは、湿気に強くて腐りにくく、１１２２年に建立され今に続く岩手県の中尊寺金色堂にも使われており、現代でも建築材として重宝されています。そのおが屑を活用した精油を抽出するときの副産物である蒸留水に、柑橘系のベルガモットの精油をブレンドして、森林浴をイメージする香りにしました。石巻復興支援ネットワーク内にある工房では、ボトリングやラベル貼りも一つひとつ手作業で、環境にも優しいリサイクルをしています。

このスプレーは、マスクに吹きかけてもいいですよ」

そう言った浜出さんは、私が外したマスクへシュッシュッと2回スプレーしてくれた。それを再び顔に掛けてみると、樹木の心地よい香りが漂ってきた。それまでのどんよりした気持ちから、すがすがしさへ一転した。

このスプレーの利用法は、他にもあると浜出さんは続けた。

「化学合成の香害が問題になっている中で、天然にこだわって家族中で安心して使っていただけます。柔らかく揮発しやすいので、日常生活に溶け込みやすい香りになっています。

このため浴室へ吹き付ける方もいれば、赤ちゃんの身のまわりやキッチン、トイレ、洗っても消えないバスタオルや枕の臭い消し、コート類の除菌、介護シーン、ペットなどにも安心です」

日常の暮らしの中で、いろいろな使い方のあるスプレーである。

●世界的にも貴重な青森ヒバ

青森ヒバは、直径80センチメートルで高さ30メートルに達する日本特有の針葉樹で、木曽ヒノキや秋田スギと共に日本三大美林とされている。なおヒバは、アスナロやヒノキアスナロとも言う。ところでアスナロの名称は、ヒノキに似ていることから、「明日（はヒノキに）なろ（う）」の俗説があり、ヒノキになりたくてもなれない哀れな木のイメージがある。しかし、ヒノキチオールを豊富に含有して殺菌力と耐湿性にきわめて優れるため、俎板《まないた》材として最高級にランクされる。この貴重なヒノキチオールは、その名に反しヒノキにはあまり含まれてなく、青森ヒバだけに多い。香木とも言われる香りが強い木で、その香りは緊張を和らげ、落ち着きを与えるアロマ・リラクゼーション効果がある。

またヒノキなど他の樹木に比べ水に強く、カビや雑菌に対して驚異的な抗菌力を持ち、シロアリを寄せ付けない木材でもある。青森ヒバから抽出される精油には約40種類の成分があり、その中のヒノキチオールには、強力な抗菌作用があってこの成分を持つ木は、世界でもまれで日本では青森ヒバだけである。このため青森ヒバ油の実績では、インフルエンザウィルスの増殖抑制効果や院内感染菌の予防も報告されている。サルモネラ菌の除菌試験では除菌率が99％以上で、他にタバコ・生ごみ・ペットの臭いの消臭にも効果がある。

日本初の林学博士の本多静六が、１９０１年に従来のヒバと青森県産の違いを発見し、牧野富太郎がアスナロ属の中に一変種でヒノキアスナロと命名した。双方とも一般にはヒバと呼び、アスナ

浜出理加さん

口が南方系のヒバ、ヒノキアスナロが北方系のヒバとされ、青森県産は青森ヒバと呼ばれ1966年に青森の県木に指定された。

青森ヒバの祖先の誕生は、約百万年前の地球が氷河期と間氷期を繰り返していた頃といわれており、それだけ永い年数掛けた成分を今に活かしているとは驚きである。

ところで青森ヒバは、私にとっても身近な存在である。もう30年ほど前に木造2階建ての自宅を一人で改装し、フローリングマットの床には松の無垢材を乗せ、ビニール製の壁紙には腰板として青森ヒバを重ね、室内の雰囲気が一変して今に続いている。

浜出さんの願い

そもそも浜出さんは、どのような思いでこの商品を開発したのか尋ねた。

「かつて私はランジェリーやコスメを扱う通販会社にテレオペレーターで入社しました。その後コスメ企画課マネージャーをはじめ、カスタマーセンター長、カタログ通販課課長、マーケティング本部副部長、コミュニケーションデザイン部副部長など様々な経験をさせてもらい、17年間勤務しました。社員の9割が女性で、女性の目線による働き方やライフステージにおける課題解決の重要性を実感したものです。

家庭は仙台にあり、週に4日は東京でのホテル住まいの二重生活をし、東日本大震災のときは仙台で、1カ月は仕事ができず復旧作業をしていました。以前から55歳になると会社に左右されない人生を歩みたいと考え、ワークライフバランスを強く意識して2017年に退職しました。

同じ年に趣味と過去の経験を活かし、グリーディーを設立しました。現在はアロマデザインや香りを使った企業ブランディングを中心にし、その他には女性のエンパワメント推進を目的に、国際女性デーに女性の生き方を考えてもらうイベントを主催してきました」

何ともパワフルな女性である。自らの夢を実現させるため、以下のようないくつもの資格を取っている努力家でもある。

・AEAJ認定　アロマテラピーインストラクター・アロマブレンドデザイナー
・JPC認定　ペットアロマセラピーアドバイザー
・日本フィトセラピー協会認定フィトセラピーセラピスト
・日本オイル美容協会認定　オイルソムリエ
・グリーンフラスコ認定 J-aroma マイスター

社名のグリーディーに込めた思いも教えてくれた。

「当初は、『女性のためのライフデザインカンパニー』だったキャッチコピーが、『香りと女性の感性で世界をハッピーに』と進化していますが、私の考えは変わっていません。多様なライフステージにある女性が、諦めることなく欲張りに生きていいし、それを私は応援したいと思い、開き直って欲張りや貪欲を意味するグリーディー（greedy）にしました。

女性らしく好きなことで、ゆるゆると欲張って生きてほしいと願ったのです」

ホームページには、〈グリーディーは「暮らす人を豊かに」をコンセプトに、アロマ・ハーブ・女性の感性で人・事業・地域の課題に取り組みます〉とあり、事業は以下としている。

・アロマデザインおよび香り（オリジナルアロマ精油）を使った企業ブランディング
・オリジナルアロマ商品（ブレンド《アロマ、アロマミスト、アウトドアミストなど》）
・東北素材（アロマ・ハーブなど）を使ったドッグケア商品の販売
・女性向けライフデザイン支援（各種研修・イベント企画運営）
・各種コンサルティング・マーケティング支援

具体的には、古今東北以外にも以下のように多彩な実績がある。

・ホテルメトロポリタン仙台イースト　オリジナルアロマデザイン
・ホテルメトロポリタン仙台　エグゼクティブフロアでのオリジナルアロマデザイン
・仙台国際ホテル　チャペル・神殿用3種のアロマデザイン
・JR東日本ホテルメッツグループ　アメニティステーション用アロマサービス
・NTTドコモCS東北　カスタマーセンターでのアロマ導入
・ピーチ・ジョン本社　ショールームアロマデザインと展示会用ギフト
・ハンズオン　サロンでのアロマ導入
・sand&rose　サロンオリジナルアロマデザインとアロマソープ
・三陸石鹸工房 KURIYA　商品開発アドバイザー
・国際女性デーイベント HAPPY WOMAN FESTA MIYAGI

浜出さんは、自らのブログで思いを発信し続けている。2020年の1つが以下である。

石巻スタジオでの箱詰め作業
（グリーディー提供）

〈香りと女性の感性で世界をＨＡＰＰＹに…
世の中に便利なものがあふれ、効率的なコトが求められているこの時代だからこそ、同時にヒトのココロに働きかけるような豊かなモノ・コトが必要だと私たちは考えます。
　便利なものは必要なことだけど、それだけでは私たちが幸せになれるでしょうか。気持ちいいとか、心地いいとか、美味しいとか……五感をフルに使って感じるココロ、それこそが人を豊かに幸せにしてくれるもの。
　グリーディーは「暮らす人を豊かに」をコンセプトに、アロマ・ハーブ・女性の感性で人・事業・地域の課題に取り組みます。世の中に心地よさと笑顔を増やし、女性の新しい働き方、輝き方を生み出していきたいと、本気で考えています。ストレスフルな現代社会、日常のあわただしさの中に、香りのチカラで心地よさを！　Be greedy!（貪欲たれ）〉

●震災復興にもコラボして

　浜出さんは、東日本大震災の復興支援にも関わり、そのことについても話してくれた。

「津波からの復興を進める石巻市雄勝町にあるローズファクトリーガーデンでは、無農薬ハーブを丁寧に手摘みしています。それをエキスにして閉じ込めた１本20ミリリットルの『無添加・無農薬ハーブのマスクスプレー aroma journey』を開発しました。ルームスプレーやマスクスプレーとして、出かける前のエチケットとして、ジムやヨガ・就寝前などに使うことでリラックスでき、第6回新東北みやげコンテストに入賞しました。利益の一部は、ローズファクトリーガーデンへ寄付させてもらっています」

雄勝花物語は、3・11の巨大津波で壊滅した雄勝町を、「花と緑の力」で復興するために、被災した住民が立ち上げた復興プロジェクトで、町内の雄勝ローズファクトリーガーデンが拠点である。津波で流された母親や叔母・従弟の霊を弔うため同施設の代表が、ガレキに埋もれた実家跡地へ2011年8月に花を植え始め、ボランティアも協力し花畑造りが翌月に始まった。

2012年に雄勝花物語実行委員会を立ち上げ、多種類の種を一度にまき、時期がずれて花を咲かせるメドウガーデンプロジェクトを実施し、530坪の花畑は被災者の心を癒した。

2014年は一般社団法人雄勝花物語となって観光バラ園プロジェクトを始め、①被災地緑化支援・被災者支援、②防災教育・ボランティア活動の受け入れ、③雄勝環境教育センター、④体験教室&セミナー、⑤ハーブの栽培へ、全国から1000人以上のボランティアが参加した。「花と緑の力」で震災からの復興を進め、町内に利益が落ちる地産地消の地域内経済を循環させ、震災復興と過疎からの再生という課題を克服し、日本の地域再生のモデルを創ることが強い願いであった。

昔から日本では、四季のうつろいを愛でながら香りを楽しむ香道《こうどう》があり、日本の精神文化とともに育んできた香りの芸術でもある。グリーディーは、庶民の暮らしを豊かにするため、香道の形を今日的に変えて日々の生活にも活かそうとしている。

17

宮城県産黒毛和牛使用　ジュワッと和牛ハンバーグ

黒毛和牛の原料肉と宮古の塩を使い、和牛の風味を活かして円やかな味に仕上げた

●和牛の美味しさ

みやぎ生協が、仙台市内の繁華街で運営するイタリア料理のビストロラウンジ Costeria（コステリア）を訪ねた。カラー刷りの店のチラシには、「東北の恵みをいただくレストラン」とある。２０２０年９月下旬の夜で、こげ茶色のシックなインテリアの落ち着いた雰囲気の中で、ゆっくりと食事をすることができた。

ここで提供するメニューは、東北６県からの選りすぐりの古今東北の商品と、地域の顔とくらしの見える産直の取り組みから生まれた、みやぎ生協の「めぐみ野」の食材で作っている。

そうしたこだわりの料理の１つが、和牛ハンバーグであった。熱い鉄製の皿の上でまだジュージュー

宮城県産黒毛和牛使用
ジュワッと和牛ハンバーグ

と音のするハンバーグを、私はナイフとフォークで食べやすいサイズに切り、おろしポン酢を乗せて口に入れた。噛むと柔らかいがそれなりの歯ごたえもあって美味しい。同時に和牛の上品な香りが、口の中にふわっと広がった。塩も通常の精製塩ではなく天然のミネラルを多く含んだ「宮古の塩」で、角がなく穏やかである。

新鮮な生サラダやワインなどと一緒に、ゆっくりと和牛の味を楽しむことができた。

●会社を訪ねて

味わった古今東北の**「宮城県産黒毛和牛使用　ジュワッと和牛ハンバーグ」**を加工しているのは、市場から枝肉を仕入れている仙台市内にある株式会社栄和グループの株式会社プライム日の出町加工工場である。

栄和の概要については、同ホームページで以下のようにこだわりを紹介している。

〈栄和グループでは、多くの畜産農家、農協から販売委託を受けて、その中で厳選された黒毛和種を直接お客様にお届けいたします。

「美味しい、しあわせを感じる和牛を生産者と共に」を標語に、正直に商いをする行動と、常にお客様第一主義を念頭に進めさせて頂くことが、栄和グループの使命です。厳選された本物の黒毛和種の牛を、衛生的で新鮮な状態でお届けすることを最大のモットーにして、社員一同奉仕の心で仕事をさせて頂いております。

この貴重な〝本物の黒毛和牛を一人でも多くの人に味わってもらいたい。そして、食べたときの至福の顔を見ること〟が私たちの最高の喜びです〉

公平弘さん

栄和を訪ねて代表取締役である公平《こうだいら》弘さん（65歳）から、牛肉の消費動向や会社の理念を教えてもらった。

「大型の量販店による価格破壊策で低価格を追及し、ホルスタインと黒毛和種を掛け合わせた交雑種が国内で増え、また安い輸入牛肉の流通も増加しています。

しかし、そうした安い牛には、飼料の効率を上げたり下痢止めなどの目的で、人体に害のある抗菌性飼料添加物が配合されています。アメリカや日本では認可されていますが、ＥＵ（欧州連合）では禁止されている危険な化学物質です。

この抗菌性飼料添加物を使った牛肉は、旨みの成分であるアミノ酸を出す熟成ができず、肉を焼いても和牛独特の香りがしないし、口に入れても牛の旨みが感じられません。

そうではなく和牛の上品な香りが口の中に漂い、噛んだときに幸福感を感じることのできる牛肉を、記念日や誕生日などのハレの日には、家族や仲間と楽しく味わってもらうことを私たちは望んでいます。子どもや孫たちには、抗菌性飼料添加物入りではない美味しくて安心安全な牛肉をぜひ食べてほしいものですよ」

こうした抗菌性飼料添加物は、食品の安定した生産を確保する資材ではあるが、一方でその使用により選択される薬剤耐性菌が、畜産物を通して人体の健康に悪影響を及ぼすリスクも常に存在する。このためＥＵでは、予防原則に沿って日本以上に運用を厳しくしているものがある。

●牛肉の美味しさを極めた「みやぎ美らいす」

牛肉と一言で表現しても、安さを重視した大量生産の肉と、品質重視の肉ではまったく異なるようだ。公平さんの話は、だんだんと熱がこもってきた。

次は美味しさをどのようにこだわっているかであった。

「牛肉の美味しさの3条件は、第1に血統で、同じ和牛でも但馬系の肉質重視型と、気高系の肉量重視型に大きく分類されます。宮城県の血統は、ベースが肉質重視で肉量系の種有牛が中心で、質量ともに資質の高い和牛で全国7番目の生産量です。

第2は飼料で、宮城県は米どころの恵まれた条件が整っているから、潤沢な稲ワラを与えています。さらに飼料米の生産も多く、米を炊いてご飯にした牛用の飼料もあって食糧自給率の向上も計っています。

第3には環境で、子牛が生まれて約3年間の長い時間と、手間ひまを惜しまず和牛の健康管理に努め、いつもリラックスできるように整備しています」

牛肉にとっても大切な美味しさを、こうして細かく管理している。仙台牛の美味しさは、銘柄牛ごとに微妙に異なり、味の違いを作り出す霜降りにある。国内でも有数の良質米がとれる自然と水に恵まれた宮城県で、ササニシキなどの良質の宮城米の稲ワラが、仙台牛を育てるのに適した環境にしている。

その具体な取り組みとして、公平さんから次のような説明があった。

「みやぎ循環型優良和牛生産協議会があって、こだわりの『みやぎ美《み》らいす』というブランドを出し、私はそこの役員をしています。

この『みやぎ美らいす』とは、第1に宮城県産の牛であること、第2に1日で1キログラムの御飯を食べさせること、第3に出荷前6カ月以上は御飯を与えていることを条件にしています。

こうして育った牛の肉は、緻密《ちみつ》であっても柔らかく、しかもあっさりと上品です。

耕作放棄地も使ってお米を作るので、農業を守り地域の循環保全型の畜産ができます」

より詳しい内容について以下のチラシを見せてくれた。

〈美らいす〜のこだわり

1、ごはん食べて育ちます！　飼料には、私たちが食するのと同じ飯米を与えています。玄米の状態で炊き上げ、黒毛和牛にマッチした特殊な加工法により仕上げたものを出荷6カ月以上給与します。

2、農業を守る循環保全型の畜産　飼料米を与えるメリットは、農家側にもあります。畜産農家が、牛用に自前の田んぼでお米を作り、転作田の有効利用や耕作放棄地の軽減に結びつきます。また飼料を輸入穀物に頼らず、自家で賄える利点もあり、自給率アップや地域活性にも繋がります。さらに飼料米を牛に与え、堆肥を田んぼに戻すことで循環させ環境保全へと結びつけます。

3、緻密な肉質、クセのないクリアな味わい　飼料としてごはんを給与された牛は、その肉質にきめ

細かさと脂肪にしつこさのない上品な味わいが生まれます〉

なお「みやぎ美らいす」の名称は、未来とライスをかけ、また米によって美しい肉の色ができることから名付けている。

●仙台牛とは

仙台牛とは以下の条件を満たすものである。

①黒毛和種である
②仙台牛生産登録農家が個体に合った適正管理をし、宮城県内で肥育された肉牛
③仙台牛銘柄推進協議会が認めた市場並びに共進会等に出品されたもの
④㈳日本食肉格付協会枝肉取引規格が、A5またはB5に評価したもの

宮城県では、年間約2万頭が食肉として出荷され、仙台牛はその約3割を占めている。霜降りと赤身のバランスやきめ細かさなどの厳しい基準をクリアし、最高ランクの牛肉だけが仙台牛として流通している。

安全性の管理では、2003年に策定した「牛の個体識別のための情報の管理及び伝達に関する特別措置法」（牛肉トレーサビリティ法）に基づき、牛海綿状脳症（BSE）を防ぎ安全な牛肉を提供している。

具体的には、全ての牛に10桁の個体識別番号を付け、生年月日・性別・飼育者・飼育地などの情報を、生産・流通・消費の各段階で記録し管理が義務化され、識別番号は公開されインターネットで閲覧できる。

さらには国際的な衛生管理手法として普及しているＨＡＣＣＰ（ハセップ）の考え方に基づき、仙台市食品衛生自主管理評価制度（仙台ＨＡＣＣＰ）を取得して衛生管理を徹底させている。

「宮城県産黒毛和牛使用　ジュワッと和牛ハンバーグ」と、「宮城県産特選仙台牛　肩ロースすき焼き用」

①「**宮城県産黒毛和牛使用　ジュワッと和牛ハンバーグ**」

赤身の美味しい宮城県産黒毛和牛のブリスケット・スネ・ネック・ウデを中心に使用し、食べた瞬間に口の中へ和牛の肉の旨みがジュワっと広がるこだわりのハンバーグ商品。

自然豊かな三陸の海水をイオン交換膜で電気透析して不純物を除去し、マグネシウム、カリウムを含むため、円やかでしっとりとした溶けやすい「宮古の塩」（こま粒）を使っている。

②「**宮城県産特選仙台牛　肩ロースすき焼き用**」

宮城県産の「特選仙台牛美らいす」を使用した肩ロースすき焼き用で、冷凍にして冬のギフトなどで提供している。味の評価を受け、２０２０年冬のギフトでは前年2倍の売り上げになった。

プライムの日の出町加工工場を訪ねて

栄和本社において聞かせてもらった後で、ハンバーグ商品を製造しているプライムの日の出町加工工場を訪ねた。ここは栄和本社で仕入れた枝肉などを使い、客の要望に応じた部分肉スペック・スライス・焼き肉・ステーキ・挽肉などのカットや加工をしている。

営業企画室長の公平慎吾さん（34歳）から、「**宮城県産黒毛和牛使用　ジュワッと和牛ハンバーグ**」

開発の苦労を聞かせてもらった。

「ここでは交差汚染防止のため、豚・鶏・内臓などは一切工場内に入れず、国産牛肉のみを専門に扱っています。市場からの枝肉の仕入れから加工までをグループ内ですることにより、会社として品質に責任を持つことができます。

古今東北さんからハンバーグの話があり、分量、歯ごたえ、塩分、コショウなどについて工夫を重ね、10回目でやっと古今東北さんのOKが出て商品化が決まりました。

公平慎吾さん

下処理した牛肉を10ミリメートルと3ミリメートルのミンチにして合わせ、食感をほど良く残しながら旨みを凝縮しました。ハンバーグには下味を付けているため、焼いてからソース無しで食べても美味しいです」

話を聞いた後で私は、白衣・マスク・キャップ・長靴を着けて、加工場内を案内してもらった。工場内に入る前に、エアシャワーと粘着ローラーで髪の毛やゴミを除き、製品は全てX線検査装置や金属探知機を通し、割れた牛骨や異物や金属をチェックするなど、安全管理をきちんとしていた。

栄和グループのように県内産の牛肉に限定し、仕入れから加工までを一貫して管理している会社は珍しい。

地域循環の畜産支援も含めて、栄和グループの役割はさらに高まっていくだろう。

18

東北産白菜使用　趙《チョウ》さんのコクうま伊達なキムチ

冬季限定販売で美味しいキムチにするため、味の良くなる冬場の低価格の白菜を使った

●「趙さんの味」を訪ねて

仙台市内の住宅街の一角にある有限会社「趙さんの味」の店を訪ねたのは、2020年9月末であった。民家ほどの軽量鉄骨2階建てで、1階の通りに面して約2坪の販売コーナーがあり、オリジナルのキムチや焼き肉のタレなどが棚に並び、奥は作業場となっている。2階は事務所や倉庫などに使い、事務所は調理のできるようにシンクなども備えていた。

責任者の李香星《イーヒャンソン》さん（57歳）に案内され事務所に入ると、日本漢方養生学協会漢方スタイリスト・韓国伝統飲食連合会修了書・（社）日韓農水産食文化協会キムチ作り部門企業賞と合格証明書・民団韓食ネット協議会・NPO日本食育インストラクター協会認定書と、壁に並んだ賞状の多さに驚いた。

東北産白菜使用　趙さんのコクうま伊達なキムチ

名刺には、漢方スタイリスト・養生薬膳アドバイザー・食育インストラクターとあり、小柄な李さんが、キムチだけでなく食全般に深く関わっていることが分かる。

なお趙さんとは、韓国慶尚道《キョンサンドウ》出身の李さんの母で、貴重な伝統文化の味を大切にする意味を屋号に込めている。趙春子商店として1987年に創業し、2000年有限会社「趙さんの味」へ変更した。

●李さんの願い

李さんが、なぜキムチにこだわるのか尋ねた。

「今の私は健康ですが幼い頃は腎臓の病気で、医者から『もうダメだ』と言われました。すると今年84歳になる私の母が、『では食事で治す』と言い切りました。肉や卵やお菓子はいっさい口にせず、玄米と母が育てた野菜の青汁、それに海藻だけの食事でした。時間はかかりましたが私の病気は治り、食事の大切さと同時に素晴らしさを学んだものです」

日本で生まれ育った李さんは、韓国と日本の文化の混じった環境で、家庭で食べてきた料理が韓国のものだったことに気付いたのは随分後であった。

元気になった李さんは、資格を取って看護師として東京で働きながら結婚もして暮らしていた。その頃に母親は、宮城県多賀城市で2坪の作業場を使い、白菜と大根の2種類のキムチと、甘口と辛口の焼き肉のタレを作って1987年から販売していた。韓国生まれの祖母の味を広めたいと、李さんの母親は本場の作り方にこだわった。ところが青森で暮らす祖父が倒れ、母が介護のため移ることになった。そこで3姉妹の長女である李さんは、夫と一緒に移住し母の店を引き継いだ。

「私が東京にいた時、スーパーのキムチに『これが本当にキムチ?』と驚いたほどで、家庭のいつものキムチに比べ何かおもちゃの味でした。市販のキムチは旨みや辛みがまるで足りず、味に深みがありません。そこで本物の味を伝えたいと決意した私は、母の店を継ぐことにしました。

韓国には薬念醤《ヤンニョンジャン》という言葉があり、薬のように体に良いタレの総称で、選び抜いた唐辛子の他に、じっくり熟成させた塩辛もあれば、こんぶやエビ、野菜や果物など私は17種類を入れ、深みのある味のタレにします。食は体を作ると考え、体に良い自然で美味しい食材を利用し、健康になるよう保存料や着色料を使わないキムチにしています」

あくまで李さんは、医食同源で人の健康を第1に考えている。

●独自のキムチを

キムチを自分で作ったことがなかった李さんは、まず母からキムチ作りのノウハウを基礎から教わった。それも韓国の味をただ真似るのでなく、日本人が食べやすいように工夫も加えた。さまざまなレシピを研究しては、少しずつ改良を続けて自分が納得する味にこだわっていった。韓国の伝統の味を受け継ぎながらも、日本人の舌に合うように独自の工夫をしている。

それは試行錯誤の連続であったと李さんは話してくれた。

「生協との出会いで、添加物を使わない本物の美味しいキムチに挑戦し始めました。でも美味しいと感じるまでにはならず、ある時は干しシイタケを使いキムチが黒くなったりと失敗の連続でした。

それほど従来のキムチは、添加物や化学調味料と深い関係でした。そこで化学調味料を使わずに美味しくするには、昔の製法しかないと考え、それも相当な旨みがほしく、ホタテ、イカ、こんぶ、エビ、かつお節でじっくり出汁《だし》にしました。
それでももう一つ足りず、最後は魚醤です。韓国では、イワシやキビナゴの魚醤を使うのですが、私は地元の宮城にこだわり、創業約１８０年の醤油屋さんが造る鮭の魚醤を見付けました。塩で熟成させる魚醤が普通ですが、ここは醤油麹で1年以上かけ熟成させて味もすっきりして生臭さは少なく、何より香ばしいのです」

何とも凄いこだわりである。東北地方に産地限定の甘くて身の厚い白菜キムチがあり、そのことも李さんは話してくれた。

「韓国ではキムチに梨を使いますが、私は宮城産にこだわって蔵王のラ・フランスを利用しています。棚を造って全ての実に日光が当たるようにし、やむなく使う農薬も少なくするため全てに袋をかぶせています。そんなラ・フランスを皮むきし、プロセッサーにかけて刻んだものを煮込み、冷凍させていつでも使えるようにしているので、フルーティーな香りと甘みを楽しむことができます。

たくさん使うにんにくは、一般的な乾燥品を水で戻しての利用でなく、青森産の生のにんにくをすり下ろし、真空包装してすぐ冷凍してから使うので、臭みのないコクのあるキムチに仕上がります。にんにくには種類があ

李香星さん

り、辛みが強い、匂いが強い、小ぶり、大ぶりなどとあり、青森のにんにくは糖度と辛みのバランスがとれていてマイルドなのが特徴です」

李さんは、他にもいくつもの工夫をし、古今東北の**「東北産白菜使用　趙さんのコクうま伊達なキムチ」**にも活かしている。

キムチの美味しさは、70%が最初の塩漬けで決まるので、えぐみの少ない岩塩を使って漬け、東北産の白菜の旨みを引き出しているし、そのときの白菜は4〜5時間後に、塩味を均一にするため必ず上下を入れ替えている。そしてエビやこんぶで出汁を取り、瀬戸内海産のオキアミを塩だけで6カ月以上熟成させ、生臭みが出ないようにするため煮込み、旨みの素として使っている。また人参や大根などの野菜は国産を利用している。

独自のタレの材料にもこだわり、金塔という唐辛子は太陽と風だけの天日干しで甘みが強い。他にも沖縄のキビ砂糖、米と米麹だけで造る純米酒など、実に17種類の材料で作っている。その1つひとつを李さんは探し、それらの組み合わせの割合を調整しているから、かけた時間と労力はかなりのものである。

ここでは酸化防止剤や保存料を使用していないため、人体に優しい乳酸発酵を活発におこない、豊富なビタミン類を生成し酸味が出た頃が乳酸菌いっぱいのキムチになっている。

どれだけ手間をかけても美味しさのため妥協しない李さんのこだわりは、添加物を極力使わない方針も評判となり利用者が増えていった。こうして「趙さんの味」のキムチは、あいコープみやぎ・よつ葉生協・常総生協・やまゆり生協・ナチュラルコープヨコハマ・生活クラブやまがた・みやぎ生協などの地域生協だけでなく、百貨店やスーパーマーケットでも扱うようになった。なお、「趙さんの味」では、キムチの前に古今東北の「**ベジたっぷり焼き肉のたれ**」も製造し、いまも好評である。

●これからという時に起こった震災

事業が軌道に乗って借金もなくなったので、仙台市海岸近くの蒲生地区で、2011年2月に民家を改築して夢だった工場を造った。李さん夫婦を中心に従業員も増やし、さあこれからという時であった。

海岸から2キロメートルにある工場を、高さ4・5メートルの大津波が襲った。夫婦と愛犬は2階に上がって無事であったが、パート従業員1人が亡くなった。稼働して1カ月の新しい工場は全壊し、シンクの2台と金属検査機1台以外は、津波で全てが使えなくなり廃棄した。約2000万円の被害となり、大半がローンとして残った。その時の李さんの心境である。

「あの瞬間はとにかく必死で、泣くとか悲しむといった気持ちにもなりませんでした。しばらくは前へ進めずに、私にはまるで時間が止まったようでした。これからどのようにして生きていくのか、工場を再建するとすればまた多額のローンが必要となり、主人といくら話しても結論が出ずに何をすれば良いのかわからず、廃業も考え悶々《もんもん》とする日が続きました」

それはそうだろう。2000万円もかけた工場が全壊し、再び同じ工場を造るためには、また2000万円はかかる。経営者としては判断を迷うのが当然である。

●乗り越えたきっかけは各地からの支援の声

李さんの止まった時計を前向きに動かしたのは、各地から届いた支援の声だったと話してくれた。

趙さんの味

「趙さんの味のキムチを、もう一度食べたいとの声が、いくつも各地から届いたのです。『大変でしょうが、ぜひお店をまた開けてください』とか、『再開を楽しみにしています』といった手紙が何通も来ました。

扱ってくれていた店の担当者からは、『ずっと待っていますから』と電話を掛けてきてくれたこともあります。商品が届かなければ、普通は別のメーカーの商品を並べて商売するものです。それなのに私たちのために、棚をずっと空けておいてくれるというのです。常識ではあり得ないことで、それを聞いたとき思わず涙が出ました」

極限状態に追いやられていた李さんにとって、生協を含め全国各地からの優しい一言がそれは温かかった。

李さんが、「私の宝物です」と言って何枚ものコピーを見せてくれた。

〈白菜キムチとカクテキの両方をいただきました。私は届いたその日にすぐ袋を開け、まだ若い感じのするキムチを味わうのが楽しみです。今回もそのようにして食べたら、白菜のなんと甘い事。果物などの糖分とは違う野菜の甘みに感激しました。カクテキも大根の甘さとマッチする辛さになっていて、本当に美味しかったです。また注文します〉

〈新築された工場を翌月津波で流されてしまったとの事で、胸が痛みました。でも再起されて美味しいキムチができあがった喜びは、私どもにも十分伝わってきました。素朴な本来の味がして、とてもやさしいキムチですね。私たちにできることは、趙さんのキムチを食べ続けていくことしかないと思います。これからもどうぞ美味しいキムチを提供してください。応援しています〉

茨城県に本部があり、我が家も組合員となっている常総生協から届いた多数の激励文の一部である。震災の後に同生協は、茨城からトラックで白菜と大根を運び、大変助かったと李さんは話していた。

「今回のような震災は、できればもう経験したくありません。つらい思いをしましたが、それ以上に素晴らしいものをもらったと今は思っています。待っていてくださった全国各地のお客様をはじめ、古今東北を含めて新しいつながりもできて本当に感謝しています。

これまで私の気持ちを大切にして納得するキムチを作ってきて、本当に良かったと思いました。自分のこれまでの人生に、何か答えが出たような気がしました」

各地からの温かい声で再建を決意した李さんは、2012年7月に現在の場所で営業を再開した。

後日に、「趙さんの味」の白菜キムチや水キムチなどを私は口にした。辛いと少し身構えていたが、拍子抜けするほど辛くない。それも舌を刺す味はなく柔らかで、李さんの優しい微笑みを思い出した。

19

山形県庄内地方産　ぷり旨味付け玉こんにゃく

こんにゃく消費量日本一の山形で原料は他県産のため、県内の生産に賛同した

●まるい食品を訪ねて

２０２０年10月上旬の早朝に茨城県を出て、上野と新潟経由で鶴岡市へ入った。日本海の波は穏やかで、海岸には小さな漁村や岩場があったりした。鶴岡は人情味あふれる藤沢周平の作品に登場する土地でもあり、何かホッとする。駅前には「雪の降る町を発想の地つるおか」との石碑があり、金属板の楽譜がはめてあった。

駅近くのホテルに荷物を預けノートとカメラを持った私は、まるい食品株式会社を訪ねた。

対応してくれたのは取締役会長の加藤修さん（70歳）である。もらった2枚折り名刺の裏には、雪の羽黒山をバックに農作業している人たちの写真があり、〈環境と食を守る私たちの取り組み―心を育む力―当社は雇用の拡大と地産地消を目指し、安心

古今東北
COCON TOHOKU
「古今東北」は"東北の震災復興と地域振興応援に賛同する人々の熱い思い"と"時を超えたおいしさ"を伝えるブランドです。
山形県庄内地方産
ぷり旨 味付け
玉こんにゃく
山形県庄内地方で栽培された生のこんにゃく芋をそのまま使うことで、歯ごたえがあり、旨みのしみ込んだ「玉こんにゃく」に仕上がりました。

山形県庄内地方産
ぷり旨味付け玉こんにゃく

と安全、おいしさを提供するため地元農家や地域の皆さんと羽黒山の麓でこんにゃく芋の栽培を始めました〉と書いてあった。

テーブルの上には、扱っている商品の味付け玉こんにゃく・山形いも煮・田舎のおでんなど大小のパックが、いくつも並んでいた。主力である玉こんにゃくは、味付けの他に自分で味を調整できるようにタレ付きもあれば、イカ入りもあった。

古今東北の**「山形県庄内地方産　ぷり旨味付け玉こんにゃく」**でも使っているこんにゃく芋の開発について、まず加藤さんに教えてもらった。

「当社は1952年に伊藤こんにゃく店として、鶴岡市で創業しました。年間で安定したこんにゃくを作るため、当時から群馬県のこんにゃく粉を利用してきました。

ところで山形県は、こんにゃくの一人当たり使用量が全国一多いのに、なぜ他県の材料しか使えないかです。山形名物玉こんにゃくと強調しても、材料は他県のものと言われるのが悔しくて、どうにかして地元庄内産はできないかと願っていました。また粉でなく芋から作ったこんにゃくは、プリプリとして歯ごたえがあって美味しく、いつか地元産のこんにゃく芋を使いたいと考えていました」

総務省統計局のデータによる、こんにゃく消費量の都道府県ランキングがある。2017年に都道府県別1人の利用は、板こんにゃく250グラム換算で年間の全国平均は7・7丁に対し、山形市は12・9丁と一番である。

江戸時代の山形地方は、貧しくて砂糖や米粉がほとんどなく、玉こんにゃくが団子の代わりに羽州街道筋の茶屋で普及したこともあり、今も伝統食として人々が口にしている。

まるい食品は、「安心、安全でより美味しく」の経営理念で食品製造・販売の事業をし、取扱商品

は味付け玉こんにゃく・こんにゃく・ところてん・とうふ・厚揚げ・納豆・惣菜・その他加工品と多彩である。

そこには原料を選び技に磨きをかければ、自ずと美味しい製品はできるこだわりがある。コスト優先でなく原料の管理から製造まで、全工程を本当の美味しさの視点から考え、原料選びに妥協はない。

●こんにゃくの粉化

昔から東南アジアで食べてきたサトイモ科の多年草植物のこんにゃくは、日本伝来に諸説あり縄文時代にサトイモと一緒に来たとか、中国から仏教と一緒に日本へ伝わった説もある。庶民の食品になったのは、1759年に常陸国《ひたちのくに》（茨城県）のある農民が、こんにゃく芋の断面が乾き白く粉が付いているのを見つけ、製粉化する技術ができてからであった。今日の多くの市販品は、こんにゃく粉に海藻などを混ぜて作り、生のこんにゃく芋で作る本来の味や歯触りとは異なる。

なお粉にする利点は、①傷みやすく日持ちのしないこんにゃく芋を保存できる、②収穫期の秋から冬にしか食べられない高級食材を1年中食べられる、③粉にして10分の1に軽量化され、遠隔地への輸送が容易になり販路が急激に広がったなどである。

●こんにゃく芋の生産

まるい食品が地元のこんにゃく芋を使いたいと願っても、当時は庄内で生産している農家はなかった。

こんにゃく芋の生産には丸3年かかり、1年目は10～20グラムの生子《きご》を春に植え、約6カ月間畑で育て大きくなった芋を秋に掘り出し貯蔵する。それを2年目の春に植え、秋に収穫した芋で500グラム以上は加工原料とし、それ以下は翌春の植え付け用としてまた保管する。こんにゃく芋は、水はけが悪くても水持ちが良すぎても生育が難しく、また傷や水濡れに弱く晴れて乾燥した日に作業しなくてはならない。

こんなこんにゃく芋の生産に関する加藤さんの苦労話である。

「こんにゃく芋を作ってほしいと近くの農家へお願いしても、当時は生計が立っていて働いている人も元気で、『知らないこんにゃく芋を、どうして育てなくてはいけないのか』とか、『家内が怒っているからもう来ないでくれ』などと、どこでも猛反発されたものです。

それでも私は諦めず、農家へ何回も足を運びました。週2回は訪ね、お願いした農家は70軒ほどありました。半年経ってやっと2軒が、とりあえず話を聞いてくれることになりました。

新潟県は長岡のこんにゃく芋の生産者を紹介してもらい、私は2人を案内して訪ねました。栽培方法や収支について、2人は詳しく聞いていたものです」

鶴岡の農家の2人は直接説明を受け、自分でも育てることができると感じた。決め手は、技術面と同時に価格だと加藤さんは話してくれた。

「こんにゃく芋の生産量が日本の9割を占める群馬県では、市場の価格で取り引きしているので、かなり安くなるときもあり農家の収入は不安定です。ところが長岡では生産者の希望する金額で決まり、それは市場の価格の倍近くで、鶴岡の2人もその価格であればこんにゃく芋を作る気になったのです。

材料の値が高くなれば会社として厳しいですが、良い商品を開発するには必要だと判断しました」

こうして2012年の春から、2人の農家が庄内でこんにゃく芋を育て始めた。群馬県から購入したこんにゃくの種芋の代金は、まるい食品が半分を支払い支援した。

加藤さんの苦労話は続く。

「群馬県のこんにゃく芋の生産者は、専門で作っているため10ヘクタールの畑をこまめに世話していますが、庄内では米や野菜や柿などが中心で、こんにゃく芋は補助的な作物で50アール前後です。このため手入れがいきとどかず、根腐れして収獲できなかったこともあります。芋が大きく育つ時期に山形では雪が降り、また風や雨に芋は弱く気を抜くと全滅してしまいます。

それでも生産者は毎年増え、2017年は15人となり庄内こんにゃく生産組合ができました。組合長を中心に、畑の見学会や勉強会もあれば、個人別に生産量を出すなどして仲間が広がってきたのです」

意欲的な農家の努力で、庄内のこんにゃく芋の生産が伸びた。その陰にはまるい食品が、生産者の希望する価格で、それも普通は価格が3分の1になる傷物も含めて全量を買い取り、芋の収穫期には職員が応援に駆けつけるなどの支援もあった。

●庄内こんにゃく芋生産組合

より安定した商品化に向け加藤さんは、庄内こんにゃく芋生産組合・鶴岡市・国立鶴岡工業高等専門学校の連携を強めることにした。こんにゃく芋による地域興しに向けた産学官の協同である。

まずは庄内こんにゃく芋生産組合について、組合長の齋藤力さん（62歳）から話を聞いた。

「今は17人が約6ヘクタールで、私は60アールの畑にこんにゃく芋の栽培をしています。私たちにはまったく未知の作物で、群馬県に出かけたり、または来てもらって細かく教えてもらい、庄内での栽培法を手探りで積み上げ面積を広げてきました。

将来性があって採算の目途も立つようになり、30歳代の3人と40歳代が4人と、若い新規就農者も加わるようになり、私も手応えを感じて喜んでいます。

今年は夏の大雨でこれまでにない被害を受けた畑もありますが、全体では必要な量の収穫になりました。畑ごとだけでなく群馬との比較も含めた鶴岡高専による土壌分析も、私たちにとってたいへん参考になります。これまでは学生さんが、土壌分析するキットを開発してその結果を教えてもらっていましたが、改良して生産者が使うことのできるキットを準備中なので期待しています」

齋藤さんは、月山の麓にある豪雪地域の集落で、米・アスパラ・長芋・赤かぶなどを親子三代で育てている。その忙しい傍ら農業委員にもなり、地域農業の発展・後継者の育成・地域産業との連携・耕作放棄地の環境保全にも取り組んでいる。仲間と設立した株式会社ハグロファームで、月山高原ひまわり・コスモス畑を育て注目されている。

●鶴岡高専の協力

加藤さんの紹介で、鶴岡高専の教育研究技術支援センター副技術長の伊藤眞子さんと連絡をとり、

左から齋藤力さん、
加藤修さん、
伊藤眞子さん

以下の概要の論文をいただいた。

〈まるい食品から2015年に、乾燥粉を原料としたこんにゃくと、生芋を原料とし「どぶ擦り製法」で製造したこんにゃくの違いを評価する相談を受け、双方の商品へ汁の浸み込む量を数値で表した。

その後、生産量に畑でばらつきがあるため、土壌管理の相談を受けて13種類の土分析をし、それぞれの酸性やアルカリ性の程度を表したpHと、電気伝導度および組成・溶出に関する元素分析の結果、収穫量は電気伝導度とカルシウム溶出量に関係性があることを見つけ、土壌の電気伝導度を5分で測る方法を考案した。また添加すべき消石灰の量が即座に分かる土壌改良判断キットを開発し、2020年はそれをさらに改良中である〉

今回の研究を通して伊藤さんの夢を尋ねると、以下の返事があった。

「庄内は食を大切に扱う地方です。郷土食にはこんにゃくが多く使用され、玉こんにゃくは身近な食の一つです。このような食に関わる研究で、地域の温かな見守りに触れながら高専の学生が成長する姿は、心にしみるものがあります。ぷり旨みが、食感シャキシャキの庄内産玉こんにゃくへ浸み込むように、庄内人の温かさが全国の皆様の心に浸み込み、また食べたくなる食品になってほしいものです。一味違う栽培法を目指した庄内産のこんにゃく芋は、そんな食材になる可能性を十分に秘めています」

こんにゃく芋で思いの熱い人たちのつながっていることが、ここでもよく分かった。

なお伊藤さんは、市民や異なる分野からの生きている情報を、高度なコミュニケーション力と、社会の複雑な要求に基づきながら改善や改良に取り組み主体性と創造性を育むことで、イノベーションを実現する技術者の育成を目標とした、文部科学省の事業を活用した社会実装の教育者である。

かつて高専に学んだ私の時代にはなかった教育で、地域と連携した高等教育機関の在り方としても重要である。

●「山形県庄内地方産　ぷり旨味付け玉こんにゃく」を口にして

まるい食品の事務所で話を聞かせてもらった後で、羽黒山や月山の山麓に広がるこんにゃく畑のいくつかを、加藤さんは車で案内してくれた。加藤さんは、時間を作ってはいつもこんにゃく畑をこまめに見てまわり、何か気になることがあるとすぐにその生産者へ連絡をしているから、その情熱に驚く。

収穫前の大きく育ったこんにゃくの畑で、修験道による山岳信仰の場として有名な出羽三山からの風が心地よかった。

後日に「**山形県庄内地方産　ぷり旨味付け玉こんにゃく**」を味わった。これまで食べていたこんにゃくとは、まるで食感が異なって歯ごたえがあり、かつ化学調味料を使っていないので味が穏やかである。

何個目かの玉こんにゃくを噛みしめながら、こんにゃく畑と情熱家の加藤さんを私は思い出していた。

20

福島県南相馬産「天のつぶ」使用　ふっくらパックごはん

震災後7年目でやっと収穫できた南相馬産の「天のつぶ」に限定して開発した

●紅梅夢《こうばいゆめ》ファームへ

2020年10月上旬に常磐線の小高駅で下車し、雨の吹き付ける中をタクシーで株式会社紅梅夢ファームへと走った。福島県の東端部に位置する南相馬市小高地区は、東に太平洋を臨み西は阿武隈山地の山々に抱かれ、東西12キロメートルで南北8キロメートルに田園が広がる。東日本特有の海洋性気候で、寒暖差が小さく雪の少ない温暖な地で農業に適している。

しかし、2011年の原発事故によって、小高は避難指示区域に指定され一変した。震災前に1万2840人いた住民は、2020年10月現在3756人で、約7割の減少である。

なお紅梅夢ファームの紅梅は、かつての小高城の

福島県南相馬産「天のつぶ」使用
ふっくらパックごはん

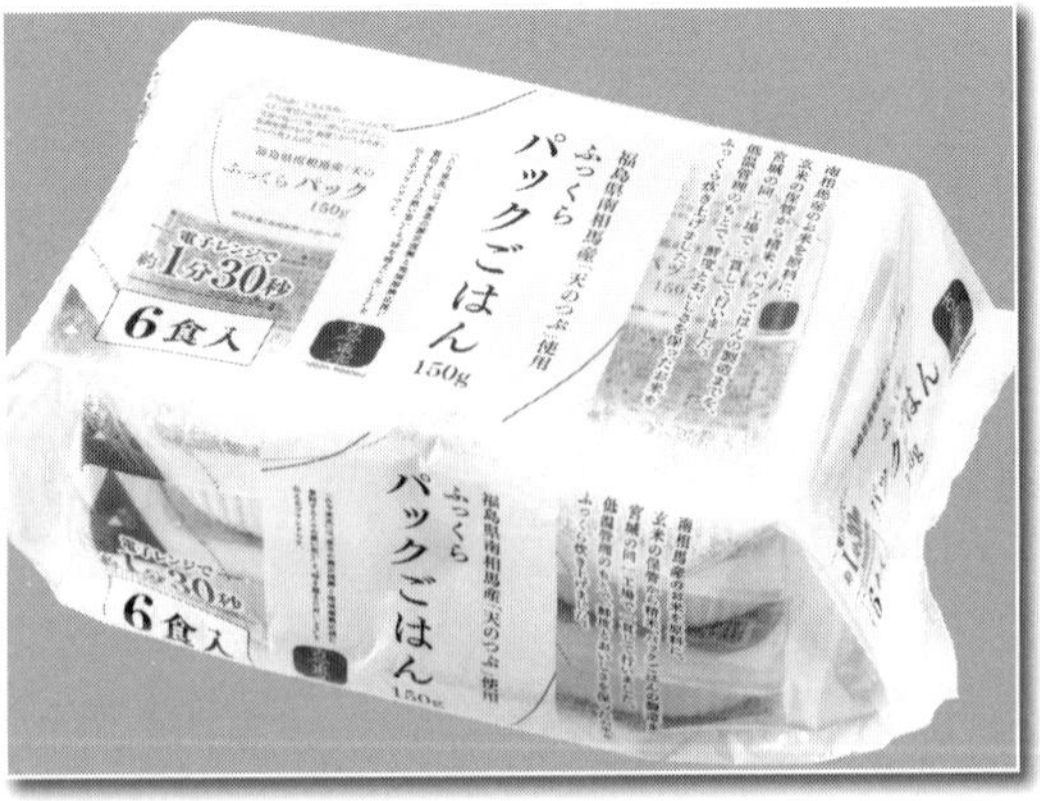

別名が紅梅山浮舟城であったことや、旧小高町の町の花が紅梅によるもので、夢ファームは若い担い手も希望を持てる農場にする意味がある。

●紅梅夢ファーム立ち上げ前後

新しいプレハブの事務所で紅梅夢ファーム代表取締役の佐藤良一さん（67歳）に会い、まず紅梅夢ファーム立ち上げ前後について聞いた。

「私は、小高で200年以上続く農家の9代目です。高校卒業の頃に減反政策が広がり、農業で食べるのは無理と考え、神奈川県のある厨房メーカーに勤め、会社について学ぶことができました。ところが24歳の時に、父が胃の4分の3を取る大病で農業が難しくなり、私は帰ってきて就農しました。1995年に農地を大区画にする町の計画が出て、8集落で230ヘクタールの圃場《ほじょう》整備が始まったものです。その結果、一枚の田畑が1ヘクタール以上となり、それまでの農機具では農地が広すぎると、他の農家から耕作の委託を受けるようになり、やがてその後は集落営農となって地権者全員が参加して上蛯沢《かみえびさわ》営農改善組合ができました。

　2006年に小高の15の集落営農組織が協力し、共同購入・出荷・販売の集落営農組織連絡協議会を結成しました。2011年に法人化しようとした直前に大震災が発生したのです」

震災による佐藤さんの苦労の始まりである。

「原発事故後の小高には1年間入ることができず、私が飼っていた牛1頭も処分する話になったのですが、かわいそうで県から許可を受けて週に2～3回は二本松市から世話で通いました。また小高には溜池が多くて、手入れをしないと2次災害が発生するので、許可を得てパトロールしていまし

佐藤良一さん

た。2012年に立ち入り禁止の解除後は、市と協議して『ふるさと小高区地域農業振興組合』を作り、草刈り、用水路の土砂上げ、ガレキ撤去をしてきました。

2016年に小高の避難指示は解除されましたが、集落によっては誰も戻らず、震災前15あった集落営農組織で活動できるのは3カ所だけで、全体をカバーできない状態でした。3200戸の農家を調査すると、85%がもうやらないとの答えで、これは大変だと思いましたね」

そこで2017年に7集落営農組織が出資して紅梅夢ファームを設立した。集落の枠を超えて建物に例えると1階が地権者、2階が生産の担い手、3階が人材や機械の調整を図る役割機能で、各地区の集落営農組織を統括することにした。この3階部分が紅梅夢ファームであった。当初、佐藤さんは3階だけの担当だったが、営農組織の活動が進まず2階部分の生産活動も担当している。

震災で逃げ出した豚が野生化して多数繁殖し、作物の害が増えたことも取り組みを難しくしている。

●紅梅夢ファーム

紅梅夢ファームについて佐藤さんが話してくれた。

「社是の『明るく！楽しく！真剣に』を基本に、自由に話しができる和気あいあいとした職場を目指していますが、さまざまな機械を使うので油断して事故を起こさないよう厳しく注意しています。

農業は収入の低いイメージですが、月給は高卒が16万円で大卒は20万円と、夏と冬のボーナスは1カ月ずつ出し、パートの時給が1000円で、草刈り機を持ってくると500円をプラスしています。

農業は魅力があってやりがいがある仕事だと世の中に情報発信して、新たな担い手の確保と育成を図っていきたいと考えています」

若者が働きやすい職場としては、給与と同時に労働条件も大きい。ここでは就業時間を8時から17時とし、昼の1時間や10時と15時の休憩時間を設け、タイムカードで出退勤を管理している。土曜と日曜は原則休日としているが、田植えや収穫期などの繁忙期は土日に働くこともあり、その時は相談して平日に代休を取ってもらっている。

また事務所やビニールハウスにトイレを設置するなど、女性も安心して働くことのできる環境を整えている。こうして2018年には高卒の男女1人ずつが入社した。

生産性を高めるための機械化についても佐藤さんは説明してくれた。

「経営はデータ管理に基づいておこない、各自がタブレットを持って仕事しています。データの入力や、ロボット農業機械やドローンなどの操作は、平均27歳の若い社員5人が担当しています。情熱を持ちながら研究熱心な社員が、安全とさらには消費者に安心を届けるためのＪＧＡＰ（日本農業生産工程管理）や、ＦＧＡＰ（福島農業生産工程管理）の認証を取得しているのが強みです。

2020年の作付け面積は68ヘクタールで、水稲48ヘクタール、大豆11ヘクタール、菜種7・5ヘクタール、玉ネギ1・1ヘクタール、他は花のストックのハウス栽培などで、できる限り機械を利用

玉ネギの収獲（紅梅夢ファーム提供）

しています」

浜通り地方の産業復興のため、福島イノベーションコースト構想によって、新たな産業基盤の構築を目指し、先端技術の導入で新しい農業を国は推進している。人口減少に対応し、これからはＩＣＴ（情報通信技術）を活用したスマート農業を進めることが効果的で、東北農政局から参加を誘われたこともあり、紅梅夢ファームは2年間の実証実験に参加している。具体的にはロボットトラクターを導入し、ＧＰＳ（全地球測位システム）と各種センサーが組み込んであり、事前に田んぼの形状を認識させると、自動運転で耕耘《こううん》や代掻《しろか》きができ、今後は自動運転できる範囲を拡げるＧＰＳアンテナの整備を進める。

他にロボットコンバイン、ドローン、直進キープ機能自動田植機がある。２０２１年秋には２００ヘクタール分の処理能力を持ち、大豆や菜種も対応できる自前の大型ライスセンターが稼働する予定である。

●「天のつぶ」の稲作

こうした紅梅夢ファームの栽培の１つが、１９９５年に福島県農業試験場（現福島県農業総合センター）において、耐倒伏性が強く食味が良好な品種を目指し、奥羽３５７号と越南１５９号を交配させて育成を始め、2010年に県の奨励品種となった「天のつぶ」である。穂が出るときには天に向かってまっすぐ伸びる稲の力強さを、そして天の恵みを受けて豊かに実る一粒一粒の米を表して命名している。粒が大きく冷めても美味しく、ひとめぼれやコシヒカリに匹敵する食味である。おにぎりはもちろん、汁ものをかけても食感がしっかり残るので、雑炊や卵かけ御飯にも合う。

佐藤さんは、「病気や寒さに強いのが特徴で、味はコシヒカリに近いですが、粘りは少なくさっぱりとしているので、震災後はあえて『天のつぶ』のみを育てています」と話していた。

●「天のつぶ」使用ふっくらパックごはん

2017年から紅梅夢ファームによる「天のつぶ」の作付けが始まった。アイリスフーズ株式会社は、宮城県の企業として震災直後から生活物資を供給し、東北の復興に力を注いできた。精米事業に参入したのは、東北の農業を応援するためでもあった。

紅梅夢ファームで収穫し脱穀した後は、古今東北の**「東北産もち米使用　ぷっくり切り餅」**も作っている国内最大の舞台アグリイノベーション株式会社亘理工場で、劣化を防ぐ低温製法で精米し、次はアイリスフーズ角田工場に運び蒸気で炊飯してふっくらと炊きあげ、質を損なわないようすぐ包装する。

同工場では、酸化し味が落ちることを防ぎ美味しい状態で届けるため、全工程を15℃以下に保ち、pH調整剤を使わないので食味を損なわず、蒸気で炊飯し均一でふっくらと仕上げている。ここでできたパックご飯は、アイリスグループが全国で販売している。

なお消費者の不安をなくすため紅梅夢ファームでは、生産した米の全量に対して国で規定する放射線検査を実施し、さらに高水準な品質管理体制の亘理精米工場においてもダブルチェックすることで、安心安全な商品の提供に努めている。古今東北の「**福島県南相馬産『天のつぶ』使用　ふっくらパックごはん**」も同じ管理をしている。

●菜種の栽培

早い時期から紅梅夢ファームにおいて栽培を始めたのが菜の花で、人がいなくなり荒れ地となった農地が、一面の黄色い花畑に広がることで、営農再開の希望になってほしいと佐藤さんは願った。同じく持続可能な農業と食卓に、健康的なオイルを届けたい二本松市の農産物加工会社に委託し、玉締め式の無添加圧搾製法による一番搾りの菜種油を使用して、菜の花本来の風味を活かした雑味がなく上質なオイルが完成した。菜種の風味を損ねないよう瓶詰めするとすぐに栓をして菜の花オイル「浦里の雫《しずく》」に商品化し、南相馬市のふるさと納税返礼品にも採用されている。

そのオイルを使い福島の内池醸造と協力し、古今東北の商品では、「**南相馬産なたね使用菜の花オイルドレッシング（ねぎ塩・和風）**」の２種類がある。

なお内池醸造は、醤油と味噌の醸造元として、歴史ある技術を守り、各種の調味料を製造している。客の求める美味しい・便利・安全を実現することで、食文化の充実に貢献している。また地域の特産品を活かした商品開発にも取り組み、震災被害の克服と地域の新しい特産品を目指し、古今東北との協力関係ができた。

●紅梅夢ファームの今後

紅梅夢ファームのこれからについても、佐藤さんは語ってくれた。

「玉ネギは福島市の業務用カット野菜の加工会社に納めています。収穫した玉ネギをそのままで納入すると市場価格でキロ60円のとき、土を除けて皮をむけばキロ170円で納めることができます。これからの農業は、付加価値を高め販売先を自ら見つけて価格交渉もしないと、生き残れないと思っています。

米価は1俵60キログラムが1万5000円前後になって、どこの農家も経営が苦しくなり困っていますが、ここでは1万2000円で販売しても黒字になる経営をしています。肥料や農薬や資材の価格について、JAなどの言い値で買うのではなく、ときにはメーカーと直接交渉して少しでも安く仕入れています。収入が限定されるのであれば、経費を抑えて収支のバランスをきちんとするのが本来の経営者です。

当社を株式会社にしたのは、素早く意思決定して生産に励み、いずれ土木や民宿や研修施設等の新しい事業への取り組みを可能にするためでした」

国内に食べ物が不足している頃は、とにかく農作物をJAや市場に農家から出せば高い収入を得ることができた。しかし、時代は大きく変化し、JAや市場に販売を任せていても、農家の家計は以前のように安定しない。会社勤めをしていたこともある佐藤さんは、小高に戻ってから市議を4期経験し、国会議員の秘書のときもあり、農業をより客観的に見て今後の経営を考えることができる。

これからの農業では、収支を自らの力で工夫することがますます大切になり、紅梅夢ファームではそれを実践している。

営農面積を10年計画で500ヘクタールにしたいと語る佐藤さんの夢は大きい。

21

福島県伊達《だて》産　とろ甘あんぽ柿

震災復興が遅れていた福島県産の名産品を広める思いから開発した

●農業生産法人「種まきうさぎ」を訪ねて

２０２０年の９月下旬に、福島県北部で宮城県との境の伊達市にある「種まきうさぎ」を訪ねた。あいにく台風の接近で激しい雨が続き心配したが、列車は運休することもなく予定通り訪ねた。

ＪＲ東北線の藤田駅から電話し、迎えの車で駅周辺の住宅地を抜けると、すぐ左右へ田畑が広がった。15分ほど走ると目的の「種まきうさぎ」に到着した。大きな農家で、広い庭の一角に事務所や作業用の建物などが並んでいた。

なお「種まきうさぎ」とは、福島市にある標高１７０７メートルの吾妻《あづま》小富士の斜面に、毎年４月上旬に現れるうさぎの形をした雪原のことで、江戸時代にも知られていて見た農家は苗代に種をまき始めた。

福島県伊達産
とろ甘あんぽ柿

「種まきうさぎ」の岡崎靖さん（58歳）から、まずは集落の概要について説明を受けた。なおもらった名刺には、〈農を通して食の提案〉と6次産業を担っている表示があった。

「伊達市の中でもここの五十沢《いさざわ》集落は、西北側に奥羽山脈へつながる標高200メートルから300メートルの低い連山があり、東南は阿武隈川に面して平地が開け田畑が広がっています。福島盆地の北端にあたり、南東に開けた斜面で陽当たりが良くて雪も少なく、奥羽山脈からの吹き下ろしも届かず冬を過ごしやすい地域ですよ。

昔から『五十沢よいとこ陽当たり良くて、五月咲く花四月咲く』と言われてきたものです」

100年前から続く農家の4代目の岡崎さんは、温暖な地を活かして柿2000本だけでなく、イチジク300本や桃180本を栽培し、他にリンゴ、パパイヤ、ブロッコリー、スイートコーン、ケール、にんにく、カボチャ、カブ、ミニトマトなどを7ヘクタールの農地で生産している。

「ここは日照量が多くて盆地で寒暖差が大きく、台風の被害を受けることが少ないし、土の質が合っているなど、他の地域より柿に甘みが増します。これらを活かした『あんぽ柿』の発祥の地で、昔から生産が盛んでした。11月には赤くなった柿の実を、紐で吊るすため実の付く枝をT字形に切ります。柿の皮をむいてから紐に結び、硫黄《いおう》の燻蒸《くんじょう》で鮮やかな濃いオレンジにします。

冬場の大切な仕事でしたが、原発事故の放射能汚染で全てが止まり、2年間は自粛し3年目にやっと再開しました。それでも消費者には不安の声もあり、独自の検査で基準をクリアした品しか出していません」

話の途中でお茶と袋に入った**「福島県伊達産　とろ甘あんぽ柿」**がテーブル出たので、口に運ぶと上品な甘さを感じた。干し柿よりも水分が多く、短期間でも減圧乾燥室の使用で甘味が増し、ジューシーで柔らかな食感を味わうことができた。

あんぽ柿とは

岡崎さんが、あんぽ柿について説明を続けてくれた。

「江戸時代より柿の栽培が盛んになり、当時から干し柿はありました。元は甘干《あまぼ》し柿と呼んでいたのが、あんぽ柿になったといわれています。

当初は干し柿と同じで黒く、今のオレンジ色のあんぽ柿は、アメリカに出かけ干しぶどうの乾燥に硫黄で燻製する技術からの学びです。詳しくはここに書いてあります」

食べたあんぽ柿が、江戸時代からの永い伝統の産物だけでなく、アメリカにまで出かけて加工技術を工夫した歴史に私は驚いた。

もらったコピーは五十沢自治会の作成した「あんぽ柿の歴史」で、A4版の7枚にもわたって詳しく触れ、その要約は以下である。なお五十沢自治会とは、旧五十沢村の13の町内会で組織し、今も体育祭や祭りのため活動している。

〈宝暦年間（1751〜1763年）、五十沢の七右衛門が蜂屋《はちや》柿を持ち込んだのが柿栽培の始まりで、皮をむき縄で下げ天日で乾燥した干し柿は、黒ずんだ色で黒あんぽと呼んだ。

大正時代に隣村の佐藤福蔵が、干しぶどうの乾燥に硫黄燻蒸している作業をアメリカで視察し、村へ伝えた。村民が試行錯誤して改良し、1922年に今のあんぽ柿の原型が完成して、翌年にあんぽ柿出荷組合を創り出荷を始めた。

1929年に五十沢小学校農業教師の佐藤昌一の指導もあり、あんぽ柿の生産は村全域に広がった。

1965年頃に村が、全国の農業団体の視察を受け入れて製法が広がり、現在は各地で作られている。背景には日本の生糸市場の衰退がある。幕末から明治期の伊達市と福島市飯野や川俣町は、全国有数の養蚕地帯で五十沢の農家も蚕で潤っていた。

しかし、生糸相場の変動で破産する農家も出て、大正期には斜陽化が始まり、村の有力者たちは、養蚕に代わるあんぽ柿を誕生させ、さらにリンゴや桃の栽培もして現在の果樹中心の農業となった〉

岡崎さんは、農家にとってあんぽ柿が大切な収入源になっていると話してくれた。

「11月から2月が、あんぽ柿の生産と出荷の最盛期となるため、柿農家では冬場でも農閑期になりません。東北の農村では、冬場に都会へ出て建設や土木で働く人は多くいますが、あんぽ柿のおかげでここでは出稼ぎ者がほとんどいません。

またあんぽ柿は長期の保存ができ、野菜や果物に比べると値崩れしにくく、今でも農家の貴重な収入源となっています」

あんぽ柿1つにも、明治時代からの社会状況が大きく反映していた。

岡崎靖さん

2つの会社のねらい

岡崎さんが「種まきうさぎ」を立ち上げた理由を尋ねた。

「1996年に私は妻と、農産物の生産・加工・販売を手掛ける有限会社岡崎を設立し、あんぽ柿を中心に地域の産物を加工

柿を干す柿ばせ風景

してきました。農業と食品製造がより連携することが重要と前から考え、農業部門への参入を検討していました。また、増え続ける地域の耕作放棄地や、農家の高齢化による地域農業の崩壊を心配していたのです。原発事故による放射能汚染による地域農業の崩壊を防ぐため、新しい農業ビジネスの農業生産法人として、種まきうさぎを2012年に立ち上げました」

パートナーの岡崎万紀さんが代表取締役の種まきうさぎの使命は、地域農業を守るため、効率的かつ新しい農業経営を実践し続けるとあり、事業は自社や借用した農地で農業生産を実施する・農家から委託を受け、農業生産を請け負う・地域農業の担い手となる人材の育成と就農を斡旋するである。柿など農産物の生産が主な仕事で、従業員は2人の他に収穫期の季節労働者が25人いる。

これに対して加工事業が主な有限会社岡崎は、「すべてはお客様の笑顔のために」をモットーに、美味しさ・栄養・安全性を追求し、食で支える健やかな未来を大切にしてきた。代表取締役は岡崎さんで、11人の従業員が働いている。

こうして夫婦で、生産と加工にポイントを置いた2つの会社を連携させて上手に経営している。

岡崎さんは、「コラボレーション（共同作業）は、新しい発想の源」との題で以下の熱い思いを文にしている。

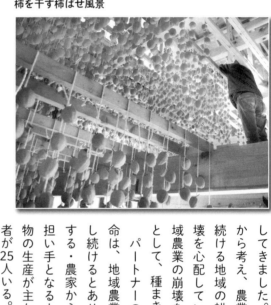

〈扱う食材は、地域の生産者が誇りと慈愛を持って育てた野菜と果物です。私も生産農家の一人ですので、プロの確かな目で選んだ食材を使うと考えていただければ幸いです。目利きが選んだ食材を、最新鋭の調理器と斬新なアイデアで形にします。美味しいものがもたらす恩恵は、地域農業の活性化や人材雇用促進など計り知れません。ＯＥＭ（相手先ブランド名製造）やプライベートブランドの他にも、少ロットや試作品なども承っております。コラボレーションは、新しい発想の源でもあります。切磋琢磨《せっさたくま》しながら共に食の未来を豊かにしていきたいと願っています〉

事業は、果樹園の経営・農産物の生産、販売・農畜産物の輸出入、国内販売並びに加工・前各号に附帯する一切の業務とし、主な取扱商品は、農産物で干し柿など、加工品はコンニャク、漬け物、菓子、茹で干し大根、芋がら、凍《し》み豆腐、惣菜などである。最近は、取れ立てのリンゴ5個を贅沢に1瓶へ使用し、果汁を凝縮させた「林檎の蜜」や、幻とも言われる日本みつばちが集めるハチミツを醸造し、白ワインのようなキレ味の爽やかな酒「百華」を販売し好評である。

●桃の「おどろき」

もう1つの古今東北の商品になっている桃の「**福島県伊達産　カリッと伊達の桃『おどろき』**」についても、岡崎さんが話してくれた。

「柔らかい桃を一般には好みますが、中には堅い品質を好む人が1割はいますね。そこで白鳳という品種の桃の枝変わりとして誕生し、１９９１年に登録された品種の『おどろき』を私は作っています。甘さは控えめで、カリカリした歯ごたえが特徴です。ＪＡでは柔らかい桃しか扱っていませんので、ここで直販しています」

堅い桃があると私は知らなかった。ニーズは高いが天候などの影響を受けやすく、育てるのに苦労が多いそうだ。

柿畑

岡崎さんが軽トラを運転し、雨の中で近くの柿畑を案内してくれた。曲がりくねりながら細い道を登っていくと、雑木林の中にまだ青い柿の付いた木々が見えてきた。岡崎さんが説明してくれた。

「原発事故の影響でだいぶ柿畑も減ってきました。必要最小限の農薬をかけないと、病気が発生して実が落ち、畑の手入れをしないと背の高い雑草がすぐに生えるし、木には外来種で繁殖力が強いアレチウリが巻き付き、柿の木が見えなくなることもありますよ」

アレチウリはウリ科の大型のツル植物で、戦後に静岡県の港で北米からの大豆に種子が混入して上陸し、今では広く分布し日本生態学会は日本の侵略的外来種ワースト100に選んでいる。

岡崎さんは、柿の生産についても説明してくれた。

「美味しいあんぽ柿を作るためには、良い柿を生産することから始まり、そのために大切なことは土作りです。土の状態に応じて、最適な肥料を与えることがポイントです。作っている柿には2種類あって、釣鐘状の形で大きくて立派なあんぽ柿になる蜂屋柿を95%と、平たくて四角い形で種がなく食べやすい平核無柿《ひらたねなしがき》を5%使っています」

3〜4メートルほどの高さの柿の木がずらりと並んだ畑に着き、下車して歩いた。畑の土は少しふんわりし、岡崎さんが土にこだわっていることを理解できた。

柿畑の横には大きなビニールハウスが並び、たくさんのミニトマトを育てていた。天井から紐で2

メートルほどのトマトをまっすぐに立たせ、地面にはビニールシートのマルチを敷き詰め雑草は生えてない。地面近くの50センチメートルほどは、枝も葉もなく、トマトの茎だけがずらっと並び、手入れがよくいき届いていた。

「ここのトマトは、できるだけ水を与えずに育てているので甘いですよ」

岡崎さんの言葉を聞いた私は、赤い1粒を取って口にするとそれは甘かった。

●加工の施設

畑をまわった後は、事務所の横にある加工場などの施設を案内してもらった。あんぽ柿の製造は大きく以下の7工程がある。

①収穫した柿を約1週間追熟させる
②大きさで7段階に選別する
③柿の皮をむく
④柿に紐を通して硫黄燻蒸し、綺麗なオレンジ色にする
⑤減圧室で予備乾燥して水分が抜け3分の1の重さになり、甘みと柿の風味が濃縮する
⑥日陰で本乾燥する
⑦遠赤外線や減圧室で仕上げ乾燥をして完成させる

ここの従業員の採用では、〈国家資格である「食の6次産業化プロデューサー」の資格取得を目指しながら農業・食品加工に従事します〉と呼び掛け、若者や外国人も働いている。

柿作りと同時に人創りへの岡崎さん夫妻のこだわりが凄い。

22

宮城学院女子大学 現代ビジネス学部

●2020年「MG（宮城学院女子大学）おうちでCOCONレシピコンテスト」

「ビジネス実践研究I・IIの宮原ゼミと渡部ゼミから40のレシピが出ましたので、古今東北の部長丹野潤一さん（66歳）と審査をさせてもらいました。

5つの審査基準は、①古今東北の理念を理解しているか、②商品の良さが活かされているか、③美味しそうか、④誰でも手軽に作れそうか、⑤コロナを契機に新しい考え方やライフスタイルが考慮されているかでした。

どのレシピも魅力的で選ぶのに苦労しました。それでも最優秀賞1点・優秀賞1点・審査員賞4点・奨励賞6点・ネーミング賞8点・多くの古今東北を使用した古今東北賞2点を選びました。

最優秀賞はパリコリいぶりがっこを使った『彩野菜といぶりがっこのパリパリピザ』で、優秀賞はやっこいさば水煮と香ばしの元祖あぶら麩《ふ》を使用した『鯖《すば》らしい万能トマト煮』です。

右から渡部美紀子さん、宮原育子さん、丹野潤一さん

では順番に賞品を受け取ってください」

対面授業が半年ぶりに再開した2020年9月末であった。仙台市青葉区の緑豊かな郊外にある宮城学院女子大学の教室で、2020年「MGおうちでCOCONレシピコンテスト」の表彰式があり、ゼミ担当の宮原育子教授と渡部美紀子教授が進行役であった。

女子学生の発想はユニークで、受賞した各料理は以下である。

審査員賞……………コロナ太り解消!? ピリ辛ヘルシーそぼろ・ピリ辛ツナのヘルシータイ風さつま揚げ・鯖缶のまぜ麺風・いぶりがっことクリームポテトサラダ

奨励賞……………モチモチはっとのゆずみそ黒糖こな粉かけ・料理音痴による料理音痴のためのおつまみウィンナー巻き・三陸ミネラル若返りそうめん・パプリカと豚肉の甘酢あんかけ・ドライ林檎のスイートポテト・さばター飯

ネーミング賞……さんまチャチャっとチャーハン・我が家に夏バテはありません・免疫力UP! 手巻き寿司・〆にぴったりあっさりほやチャーハン

古今東北賞………お手軽! 桃缶で炊飯ケーキ

調理師免許を持ち料理には興味のある私だが、名称からどんな内容なのか想像できないものがいくつもあった。

若者にも古今東北の商品を利用してもらうためには、若い感性にマッチした食べ方や名称があってしかるべきで、そのヒントになると古今東北の丹野部長は高く評価していた。

「私の想像以上のでき栄えに驚き、そのままチラシに載せてもいいと思うレシピがたくさんありました。全ての料理が美味しそうなので、ぜひ食べてみたいものです。1つの商品で、いろいろなバリエーション

気仙沼大島のゆず栽培農家訪問（宮城学院女子大学提供）

の調理例を提案していただき感謝します。複数の調理例をイメージできれば購買動機も増え、古今東北の商品普及に役立ちます」

若い女性の意見を商品展開に採り入れていけば、若者の利用もより広がることだろう。

渡部教授は、「『もっとこういう商品があったら』と学生がアイデアを出すと、古今東北さんは『実現できるメーカーを探しましょう』と言ってくださいました。何度も試食を繰り返して意見を出し、学生ならではの発想で商品名も付けました。座学だけではなく、実際に世の中との関わりを持てた意義は大きいです」と話してくれた。

宮原教授は、「震災復興を含め地域振興を理念とする古今東北さんとコラボすることで、学生たちは復興支援に関わることができました。これは仙台で学ぶ者として本当にありがたいことで、今後ともぜひこのゼミを続けていきたいですね」と触れていた。

2人の担当教授も手応えを感じている。

●宮城学院女子大学と古今東北の協力

1946年創立の宮城学院女子大学は、2016年に現代ビジネス学部を新設し、その現代ビジネス学科では以下の人材育成を目的としている。

〈ビジネスとは、営利や非営利にかかわらず、さまざまな組織形態において、特定の価値を創造し事業目的を実現するための活動の総体を指します。本学科では、そのような意味でのビジネスを円滑に進め、成功に導くために必要な知識を体系的に学びます。

現代ビジネス学科が育成するのは、宮城そして東北地方の豊かな資源を活かして新たな価値を創造できる、幅広い知識と実践力を併せ持った人材です。女性に専門特化したキャリア教育と、教職員が一丸となっての就職支援を通じて、ビジネス・パーソンとしての巣立ちを後押しします〉

大学の卒業生のある社長が仲介して大学と古今東北の接点ができ、双方の理念が重なり2017年に協定書を締結した。ポイントは、①若い人に古今東北を知ってもらう、②古今東北が若い人の意見を聞くの2点で、甲の宮城学院女子大学と乙の古今東北が次の協定書を交わした。

〈目的　第1条　この協定は、甲と乙が連携協力を行うことで、知的・人的・物質資源の活発な活用を図り、乙が展開する古今東北ブランドを通じて伝統的な食文化の発見など、東北地区の魅力を広く発信するとともに、甲乙双方がより一層の充実と発展を遂げることを目的とする。

内容　第2条　甲と乙が連携協力して行う事業は、次のとおりとする。

乙が販売しうる商品に関わる新商品開発およびメニュー開発

乙が販売しうる商品の販路を拡大するための活動、他〉

具体的には、商品開発から消費までのマーケティングのポイントや、古今東北の考えや活動などを丹野部長がゼミで伝え、津波被災地の気仙沼ゆず栽培農家や南三陸町の小松菜農家を全員で訪ね、生産者の思いを直接聞き商品化に取り組んだ。

その成果の1つが、宮城学院女子大学現代ビジネス学部と古今東北の共同開発プロジェクトによる独自商品で、40人のゼミ生はチームを組んで商品開発にあたった。

●古今東北のブランド

2019年のゼミにおいて丹野部長が、「『古今東北』ブランドとは　デビュー3年半経過後の再整理」のテーマで、以下の概要に触れた。

〈ブランドとは、①顧客の記憶の中に蓄積されるプラスになる良い体験や印象の総体、②企業から顧客への約束と実行で、その結果生まれる顧客から企業への期待と共感、③良い記憶の蓄積や期待や共感を表すシンボルで、顧客が間違いない買い物をする目印である。

古今東北の理念は、東日本大震災の復興に貢献することで、東北全体の活性化を目指す。東北で事業をする企業として、震災復興を含めた地域振興のため、その役割を担う責任があると考え創立した。復興支援には、産地や工場の販路拡大が必要で、最終的な目標は東北における地域経済の活性化と定めた。そのため生協だけでなく、全国のあらゆる場で販売できるブランドを考えた。

ブランドの価値や理念を分かりやすく伝えるメッセージは、「あしたへつなぐ、おいしい東北」である。

古今東北とは、東北の食のこれまでとこれからを紹介するブランドで、東北6県の各地から集めた、原料と復興工場・美味しさ・地域振興の選りすぐりのさまざまな食材や加工品である。産地や工場の生産計画に合わせ支援できるので、長期で東北の産業に貢献できる。

地元で愛されてきた伝統的な食文化を再発見して、多彩な食文化が出会うことで生まれる新たな食の楽しみも提案し、東北や全国の生協・全国の小売や外食・工場・ネットで、日本全国だけでなくいずれは世界に向け発信していく。

こうして、①旅のように東北の美味しさや文化に触れたい、②健康的で美食を楽しみたい、③安心安全を選びたい、④東日本大震災復興に貢献したいとのニーズに応える〉古今東北というオリジナル商品を具体化する大切な視点である。

●共同開発商品

もちろんゼミ生の提案の全てが商品にはならず、一定の数の生産が可能かどうか、販売して収益を見込むことができるかなど慎重な検討が必要である。

ゼミ生の提案に基づく開発は簡単なことではなく、何回もの試行錯誤の連続である。2020年「MGおうちでCOCONレシピコンテスト」の表彰式当日も、後半はドレッシングとクッキーの商品開発のための試食とアンケートを実施していた。

ゼミ生たちは、改善した梅ドレッシングをかけた生野菜や3種類のクッキーを口にし、近くの友人とおしゃべりしつつ、A4判1枚の開発候補品試食アンケート用紙に評価を記入していた。5段階の評価は、とても良い5、良い4、普通3、悪い2、とても悪い1と数値化して合計し、コメントと一緒に総合評価へ役立てていた。

ゼミ生との共同開発で、これまで古今東北の商品となったのは下記である。

①「気仙沼大島産ゆず果汁使用　ふわっと香るゆずポン酢」

ヤマカノ醸造で、特選丸大豆醤油と三陸産こんぶや枕崎産かつお節出汁を使用し、気仙沼大島産の

インターンシップのゼミ生　右が佐藤有紗さん

ゆず果汁を加えた。被災地気仙沼でゆずが育てられていることを知った学生が商品化した。

②「青森県低臭にんにく使用　元気チャージにんにくふりかけ」

青森県産の低臭にんにくを使用したふりかけで、卵をブレンドすることで円やかな味わいに仕上げた。にんにくは食べたいけれど、臭いは気になる女子学生ならではの発想である。

③「津軽味噌使用　梅の香りの味噌焼き風ふりかけ」

東北の味噌焼きおにぎりをイメージしたふりかけで、味噌焼きおにぎりが東北特有の食べ物だと知り商品にした。

④「白石産たまご使用　和の香りもちもち黒糖ロール」

⑤「青森県産小麦キタカミ、宮城県白石産竹鶏たまご使用　しっとりバターバウム」

⑥「青森県産小麦キタカミ、宮城県白石産竹鶏たまご使用　しっとりバターかすてぃら」

まだまだ種類が増えることだろう。

●SNSの発信にゼミ生が

ゼミ生の関わりは大学内だけでない。株式会社である古今東北の販売は生協外でも可能で、インターネットを利用した楽天市場を活用し売り上げを伸ばしてきた。楽天での利用を促すためにも、写真や動画を中心としたSNS（ソーシャル・ネットワーク・サービス）のインスタグラムを利用し、若者らしく古今東北の商品に関する情報を日々発信している。

このため希望するゼミ生8人が、古今東北の事務所で週に1回だけインターンシップ生として作業し、その一人の4年生佐藤有紗《ありさ》さんから話を聞いた。

「私たち古今東北のインターンシップ生は、主に楽天市場の商品ページの改善、売上分析、楽天のイベントの準備・運営などをしています。中でも最近は、インスタグラムの運営に力を入れ、古今東北の商品を使ってレシピを考え、美味しく映るよう工夫しながら写真撮影をしています。楽天のデータを見ると、古今東北の購入者は30歳以上が多いので、若い人がよく見るインスタグラムから入って20代にも興味を持ってもらい、楽天サイトから商品を購入してほしいものです。

消費者にとって美味しいことはもちろんですが、簡単に調理ができてアレンジがしやすいことも大切で、そのためインターンシップ生同士で話し合いながら工夫しています。

たとえば**『陸前高田産　小あみと野菜のサクッとかき揚げ』**のアレンジレシピで、麺つゆを浸み込ませてバラバラにほぐし、ご飯へ混ぜておにぎりにして食べました。手軽で美味しいと友人にも好評で、『たぬきおにぎり』としてインスタグラムにアップしました」

かき揚げは麺や飯に乗せるか、もしくは天つゆに付けて口にするのが一般的だろう。ところがバラバラにほぐすというので、その奇抜さに私は驚きかつ感心した。

宮城学院女子大学と古今東北の、双方にとって有意義な産学協同が進んでいる。

おわりに

古今東北の教訓

これまで見てきた古今東北に関わる製造現場などには、教訓的な共通点がいくつもある。

第1は、小さくても協同を大切にしていることである。震災からの復興や地域の活性化に向け、行政や大企業にお願いし追求するのでなく、自分たちの知恵と力を持ち寄り可能な範囲で事業を進めている。それらは要求追求型でなく要求実現型と表現してもよい大切な取り組みである。

協同の形は多様で、商品を製造するまでに生産者・加工業者・地域・学生・JA・漁協・生協などの中から、同じ志の個人や団体が集まり、さらに古今東北の商品としてみやぎ生協はもちろん、東北全域やさらに全国の生協へ流れると同時に、楽天などを通して一般市場にも出回って利用者へ届き、生産・流通・販売・消費において効果的に連携している。

第2に、伝統の食文化を大切にしていることである。種まきうさぎのあんぽ柿、ヤマダフーズの納豆、酔仙酒造の日本酒、ヤマカノ醸造の味噌など、100年以上もの永い間を、途切れることなく伝統の技術を守り続けている。

第3に、教育機関との産学協同である。宮城学院女子大学現代ビジネス学部のゼミ生は、ヤマカノ醸造以外にもアイデアを出していくつもの商品開発に関わり、古今東北の共同企画として、2021年に発売する**「宮城県産めぐみ野梅干使用　旨味すっきり梅昆布ドレッシング（ノンオイル）」**にも協力した。

庄内におけるこんにゃく芋生産において、鶴岡高専の貴重な関わりもある。

第4に、古今東北の生産物を使った連携である。星農場で生産した小松菜を、あんしん生活でかき揚げに使用したり、アグリ産業のエゴマ製品を使い、かりんとうやドレッシングなども製造している。

第5に、あるべき姿に向かって研究を繰り返している。漁業や農業による生産物は、日々変わる自然の影響を受けやすく、工業製品のように一律の育て方は通用しないことが多い。地球温暖化が進み、異常気象が続く近年はなおさらで、研究する情熱を常に持つことが大切である。

こうした古今東北の教訓は、各商品に付随するドラマから学ぶことができる。

●生活文化の向上と商品の持つドラマの意義

1948年にできた消費生活協同組合法（生協法）の第一条には、生協の目的を「国民生活の安定と生活文化の向上」と明記してあり、食の分野に引き付ければ国民の食生活の安定と食生活文化の向上となる。

将来の組合員を含めた国民が対象であり、食生活の安定とは必要な食べ物が食事の時に揃っていることを意味し、満腹になるための食物の量がポイントとなる。そこでは利用しやすい価格で、多くの人が腹を満たす量を求める。食物の量や食費は、数値化ができるので食の安定は分かりやすい。

これに対して数値化の困難な食生活文化の向上は、食事で心を豊かにしてくれることが大切となり、満足するため食物の質とドラマが重要になる。商品の製造過程において、どこでどんな人たちが関わり、どのようにして造ったのかについてであり、具体的には遺伝子組み換えや農薬や環境負荷や労働の内容なども視点となる。東日本大震災からの復興商品であれば、どのような思いでいくつもの困難を乗り越え、協同の輪を広げているのかである。

食べ物が不足していた戦後の日本では、食生活の安定が大切な課題であり、生協を含めた小売業が取り組んできた。

しかし、世界中の食物が集まり飽食すら話題となっている今の日本では、引き続き食生活の安定は大切であるが、同時に食生活文化の向上に貢献する商品のドラマが強く求められている。

ところで食生活の安定と食生活文化の向上は、相反する対立関係でなく1つの商品の二面性として捉えてよいだろう。この考えに基づけば商品の強調は、ドラマよりも価格重視と、価格よりもドラマ重視の2パターンがあり、古今東北は後者である。

消費者の価値観は多様化し、客層としての分化もあれば、同じ消費者がその時の条件によって、価格重視かドラマ重視かの使い分けをすることも普通にある。どちらにしても商品のドラマは、消費者へその商品を印象付けるためますます重要になっていく。

災害はどこでも起こりうる

プレートテクトニクス説によれば、地球は10数枚の岩盤であるプレートに覆われ、その岩盤の重なりによるひずみによって地震が発生する。ところで日本周辺は、太平洋、フィリピン海、北米、ユーラシアと4枚ものプレートが重なり、世界でも有数の地震多発地帯になっている。このため阪神淡路大震災や東日本大震災級の巨大地震が、他の場所で発生する危険性はいつでもあり、地震、津波、原発事故の被害がどこでも起こりうる。

さらに近年増えているのが、地球温暖化による異常気象の大雨や台風の被害である。耐震技術の向上や気象衛星などにより、災害への備えはもちろん強化しているが、自然界の動きの全てを間違いなく予測することは、今の科学では残念ながら無理である。

このため防災や減災の対策をするに越したことはないが、いずれは自らの地元にも大災害が発生すると想定することが必要である。そのため古今東北の取り組みなど東日本大震災の復興から、全国の生協などが学ぶことはいくつもある。

逆を言えば、全国からの支援を受けた生協や古今東北などは、東日本大震災からの復興の教訓を全国に普遍化することが、一番の恩返しとなるのではないだろうか。

●協同による地域の活性化

住民の暮らしを守り一人ひとりの幸せに役立つ地域の活性化には、行政や大企業の役割はもちろんいくつもある。しかし、住民の求めを全てカバーすることはできないことも現実で、地震や台風などの被害時もそうである。

地域の活性化の場面では、互いに助け合う協同の理念が重要になり、スローガンでは「一人はみんな（万人）のために、みんな（万人）は一人のために」がある。顔も名前も知らない人々の互助を強調し、生協を含めた協同組合だけでなく、保険会社などでも掲げたりしている。

ところでこの諺《ことわざ》の源は、古代ゲルマン民族が使っていたもので、厳しい自然環境の中での狩猟や戦などにおいて、顔と名前を知った仲間同士で助け合う掛け声でもあった。その理念からすれば、互助の対象をもっと狭くして主語を明確にし、「私は仲間のために、仲間は私のために」と訳したほうが、本来の意味により近いと私は考えている。

ともあれ古今東北では、同じ志を持ち顔と名前を知った仲間で、素敵な商品をいくつも開発している。こうした小さくてもドラマのある協同がいくつも広がっていくことで、地域社会の活性化へ確実につながっていく。


生協の目的を国民としている生協法の理念に即して展開すれば、生協人は生協の役職員や組合員だけに限定するのでなく、生活において協同を大切にする人と定義することもできる。そこには生産者や食品加工業者を含めた全ての国民が対象となり、みやぎ生協が県民世帯で100%組織化する可能性を示唆している。

そうした捉え方は同時に生協の世帯組織率において、2019年で全国の38・8%到達を、日本生協連が2030年ビジョンで呼び掛けている50%以上にすることが、決して夢でないことを物語っているのではないだろうか。

古今東北の取り組みは、生協人の確かな歩みの1つをしっかりと刻んでいる。

古今東北の理念である東北の震災復興と地域経済活性化を応援し、古今東北の商品と本書を推薦します

●「地域の中になくてはならない生協」の姿を学ぶ

日本生活協同組合連合会 代表理事会長　本田　英一

東日本大震災から10年が経過しましたが、被災地の生協の皆様におかれましては、地域の方々と共に、粘り強く地域の復興・再生に取り組まれておられることに、心より敬意を表したいと思います。

とりわけいち早く、様々なお取引先と力を合わせて、復興支援商品「古今東北」の開発と多方面への普及を通して、東北の農漁業に携わる方々を励まし食品を中心とした産業の振興にも貢献されてきました。

こうした組織と事業、活動を生かしてチャレンジする皆様の取り組みに、全国から共感と様々な支援が寄せられています。

日本生協連でも、商品を普及する取り組みを推進しています。

東北の皆様の復興に向けた様々な活動に「地域の中になくてはならない生協」の姿を学ばせていただいたことに、あらためて感謝申し上げます。

東北を代表するブランドへ

コープデリ生活協同組合連合会 理事長　土屋　敏夫

古今東北は、震災復興と東北地方の経済活性化を目的に、東北6県のメーカー・生産者とが協力し、選りすぐりの食材や加工品をブランド化し販売を広げています。震災や原発事故の風評被害により閉ざされた販路を広げるため、従来のつながりを中心にあらたなネットワークの力で仕組みを立ち上げ、東北の食を通じた自律的な復興の取り組みを進めた皆さまの先駆性に敬意を表します。

こうした地域の資源、そして地元のさまざまな方たちとのつながりを活かす取り組みは、生協の事業を進める上で大切にしたい視点です。

2021年は東日本大震災から10年。古今東北がこれから一層、消費者から愛され支持され、東北を代表するブランドへと飛躍されることを期待しております。

被災産地で作られた商品を食べて支える

生活協同組合ユーコープ 代表理事 理事長　當具　伸一

東日本大震災発生後、復興に向けて被災地や被災された皆さんと同じ立場に立ち、復興を支えることは我々に課せられた大きな使命です。その中で、「古今東北」が進められてきた、被災産地で作られた商品を食べて支える、利用して支えていくことは、人と人のつながり・相互扶助を大切にする生活協同組合らしい大変素晴らしい取り組みです。

また東北6県で育まれてきた伝統的な食文化を大切にした商品を一つひとつ育み、商品を通じてその背景にある歴史や伝統をその使い手に伝えていくことで、被災地の支援を越えた食文化の継承にも繋がっています。

商品の開発から5年たち、これからも「古今東北」の商品を通じて、産地生産者の思い、東北6県の文化を広く発信し続けてください。

●商品を通じて日常的に支援

生活協同組合連合会東海コープ事業連合 理事長 森 政広

東海コープ事業連合は、会員生協と共に東日本大震災直後から、商品や地域のボランティア活動を通じて支援活動をすすめてきました。コープ東北から「古今東北」の紹介があり、宅配でドライグロッサリーを中心に企画しています。特に人気商品は、「えごまドレッシング」と「くるみ黒糖こんがりきな粉」です。ドレッシングは、「ブロッコリー嫌いの主人が、これをかけると食べます。ゴマ味が濃厚でサラダ・冷しゃぶにとてもあいます」、きな粉は、「おはぎにくるみの味、黒糖の甘味があり最高においしいです」との声をいただき、企画のリクエストもきています。

「古今東北」の取り組みから、継続して支援をすすめるには、地元の産業が成り立ち、商品を通じて日常的に支援する活動がより大切になっていると実感しています。今回の著書が、全国の生協組合員の支援の気持ちを伝える一助になるよう、一人でも多くの方にお読みいただければと思います。

地域の生産者・メーカーとの協同

生活協同組合連合会コープきんき事業連合 理事長　畑　忠男

出版、おめでとうございます。

コープきんきでは宅配企画で、防災の日や東日本大震災、阪神淡路大震災に因んだ取り組みの際に、震災復興に取り組む生協の姿勢を伝えるものとして、「古今東北」商品を扱ってきました。また、いつもの暮らしより一つ上質をコンセプトとする「よりすぐり」企画で、「古今東北」の名産銘品を扱ってまいりました。その利用には、震災復興を願う組合員の思いが込められています。

生協はその事業を通じて、地域にどのような役割を果たすのか。そのことを深める上で、「古今東北」の商品開発の取り組みは、コープきんきにとっても貴重なものです。地域の生産者・メーカーとの協同と連携、商品開発にあたって大学生等の若い世代の参加など、「古今東北」の取り組みから学ぶべきことはたくさんあります。

これからも東北の人々と近畿の消費者・組合員をつなぐ絆として、「古今東北」商品とその思いを広めてまいります。

生産から消費まで、多くの人々の熱い思いと願い

生活協同組合連合会コープ中国四国事業連合 理事長　小泉　信司

この度は、「古今東北」を題材とした出版おめでとうございます。東日本大震災から10年となる今年、「古今東北」の商品とその取り組みの素晴らしさを、改めて見直すことのできるいい機会ではないかと

思います。

全国の生協がPB商品に力を入れ、競合他社との差異化を図る中、この「古今東北」は、震災からの復興と、地域振興のために開発され、生協のみならず小売り各社の方々と協力しながら復興を支えるという、これまでになかった取り組みが生まれました。生産から消費まで、多くの人々の熱い思いと願いが込められた素晴らしい商品ブランドです。

私達も開発・生産された皆様の思いを受け止め、中国・四国エリアの組合員の皆様に商品と思いを届けることで、東日本大震災の復興支援にこれからも役立ちたいものです。

今回の出版を通じて5年間の「古今東北」の取り組みが、より多くの皆様に理解されさらなる支援に繋がることを願っています。

新たな協同のかけ橋

生活協同組合連合会コープ九州事業連合 理事長　江藤　淳一

東日本大震災から10年の節目を迎えるにあたり、復興のシンボルとなる「古今東北」商品の取り組みが、一冊の本となり出版されるとのこと、まことにおめでとうございます。

東北復興の力強いシンボルとして、その開発に奮闘された皆様の思いや、ご苦労、そして喜びなどが、いきいきと伝わる物語になっている事と思います。

コープ九州事業連合では、2014年から東日本大震災の被災地に思いをはせ、寄り添う事を目的とした、共同購入と店舗両事業での商品企画に取り組んでいます。その企画を通じ「古今東北」の商品は、九州、沖縄の多くの組合員さんにご利用いただいております。

また、九州を襲った災害の際には、福岡のエフコープ生協による被災地支援活動で、「古今東北 つるんとお米はっと」を使った、はっと汁の炊き出しなどを行い、多くの被災者の方々に元気と勇気を与える事もできました。

今回の出版を機に、さらに多くの方々に「古今東北」の物語を知っていただき、このブランドが東北復興のシンボルのみならず、全国の生協組合員や地域を支えあう、新たな協同のかけ橋となる事を期待しています。

あとがきにかえて

コロナ禍や台風もあって、2020年9月から22カ所もの取材が期日内にできるのかと心配したが、多くの方々のご協力を得て無事に進めることができ、苦しみつつも楽しく書かせていただきやっと本が完成した。

私にとって本書は、東日本大震災の10年目にして8冊目の復興支援本となり、みやぎ生協関連では、『悲しみを乗りこえて共に歩もう　協同の力で宮城の復興を』と、『宮城♥食の復興　つくる、食べる、ずっとつながる』に続く3冊目となった。

取材先は宮城を中心に山形・秋田・青森・岩手・福島の6県に点在し、初めて訪ねた市や町がいくつもあった。取材にかかる時間と経費と体力を考え、約1週間の旅を3回組み、それぞれの生産や加工の現場を訪ねさせてもらった。それもコロナの影響で1カ所の取材は2時間ほどにし、感染対策から作業場の見学ができない工場もいくつかあった。慌ただしい旅であったが、せんべい汁や納豆汁を私は初めて味わい、東北の食文化の豊かさも知ることができた。

かつて中央の一部の人から、福島県白河市より北は1山が100文《もん》の価値しかないとして、「白河以北一山百文」と蔑《さげす》まれたこともある東北であるが、昔からの豊かな文化が脈々と続き、その精神は古今東北にもつながっていると私は感じた。

今回も各地で、目を輝かせながら仕事や夢を熱く語る人々に会い、私はその都度わくわくさせてもらった。津波や放射能汚染の影響だけでなく、1次産業の衰退や人手不足もある中で、協同を大切にした確かな復興や地域活性化に直接触れて嬉しくなったものである。

さらには新しい技術の開拓について知ったときも、私は驚きつつも感激した。ヤマダフーズの食品開発研究所や、ヤマカノ醸造のスーパー酵母『白神こだま酵母』の発酵調味料もあれば、ケーエスフーズのウニとナマコの養殖などは、どれも素晴らしいチャレンジである。伝統文化を守りつつも、こうして将来を切り開く地道な研究が印象的であった。

コロナ禍が、日本だけでなく全世界において大きな社会問題となっている。個人が健康に生きるためには、公衆衛生や安全なワクチンの普及など社会的環境を整えると同時に、体内の自己免疫力を高めることも重要である。

生協を含めた事業体が健全な経営を継続するためには、外的な政治や経済などの環境整備と同時に、内部では事業の活性化につながる全役職員の多様な協同も不可欠である。いくつもの協同を古今東北の実践からも学び、全国各地でのヒントにしてもらえれば嬉しい。

本書に登場していただいた各位の他に、古今東北や合同出版の皆さんにもたいへんお世話になりました。これもひとつの協同と、たいへん感謝しています。誠にありがとうございました。

2021年3月　西村一郎

＊注記　本文中の役職や年齢は取材時のものである。

売上高の推移

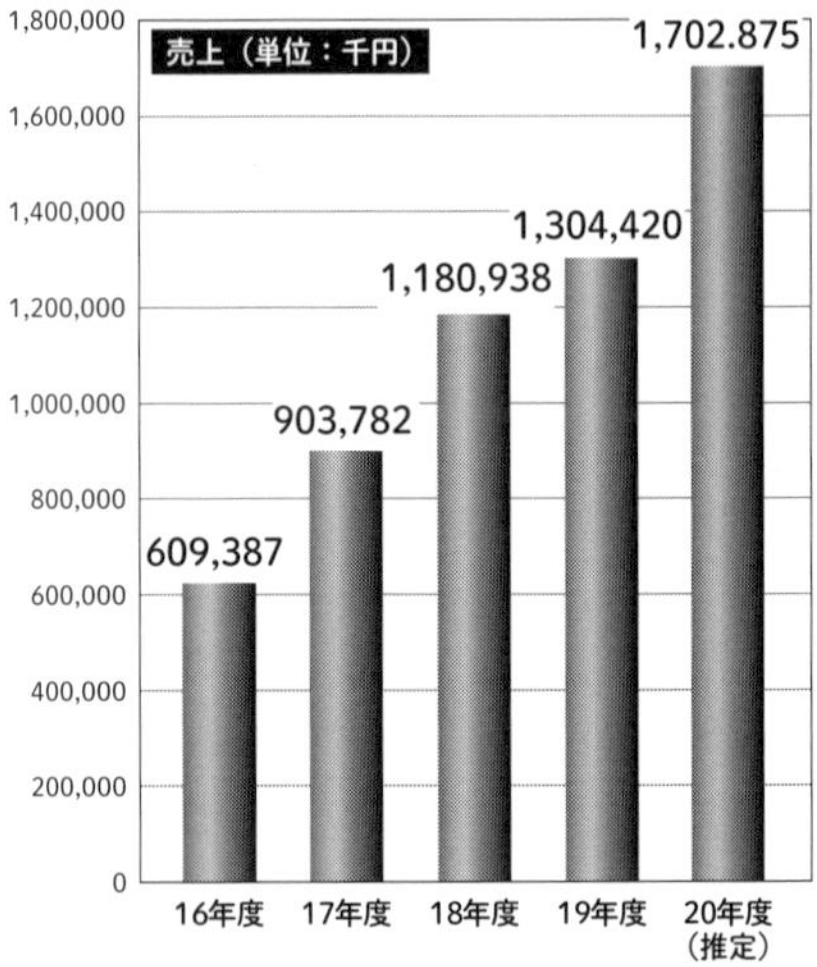

古今東北のスタッフ一同（2021 年 2 月）

製造社数の推移

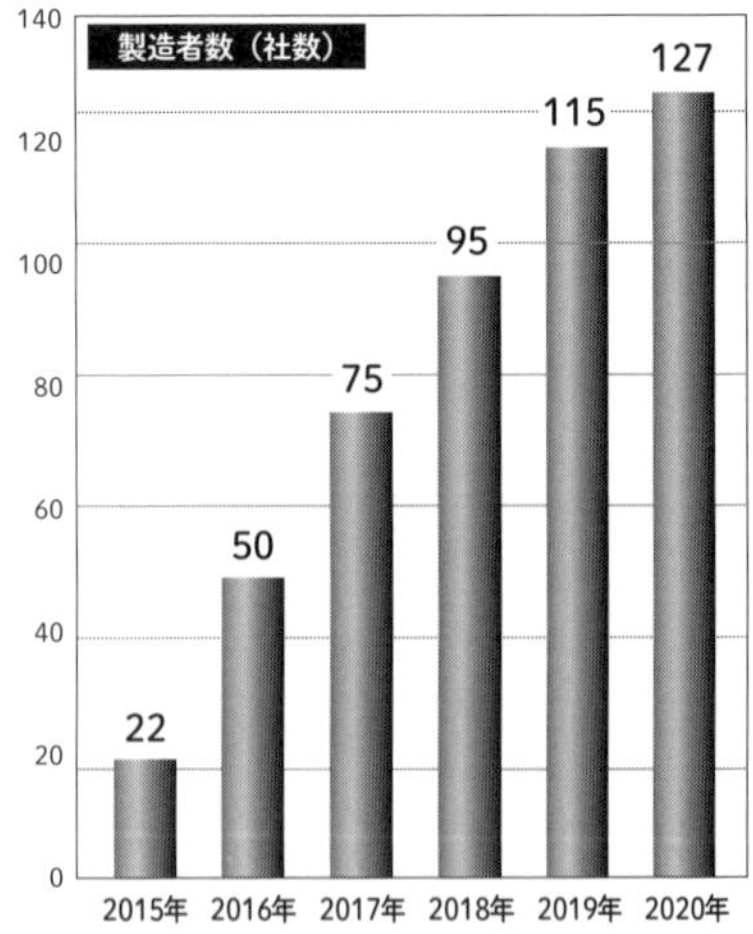

開発商品数の推移

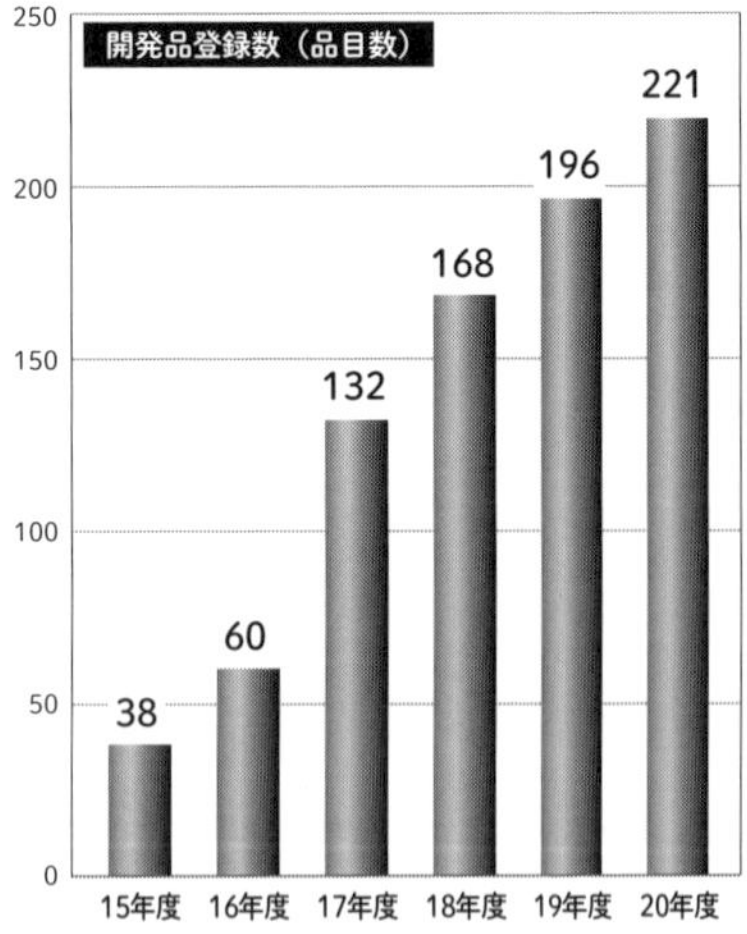

株式会社東北協同事業開発の常勤職員組織図

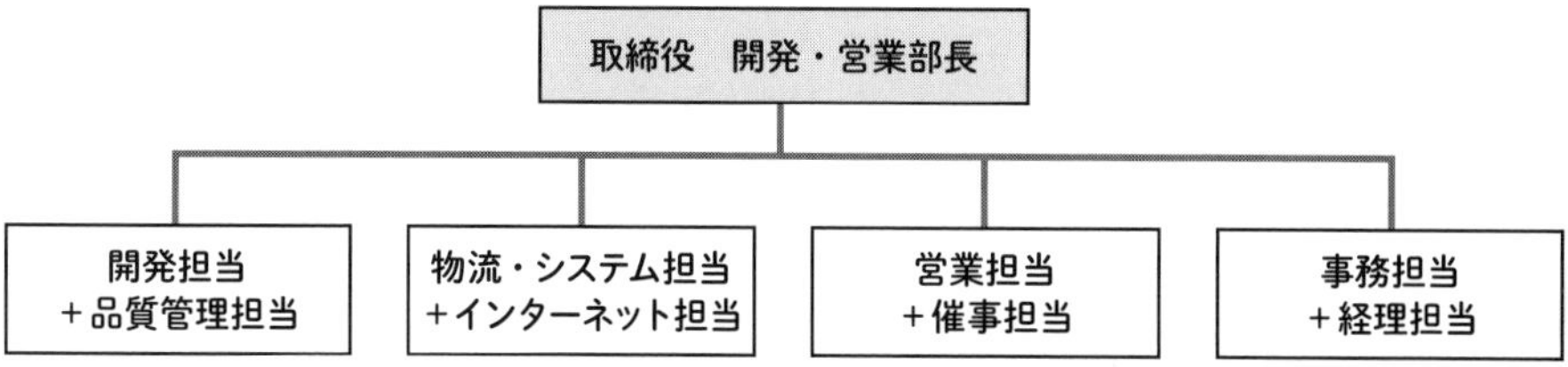

連絡方法	
	連絡先：株式会社　東北協同事業開発 住所：〒981-3112　仙台市泉区八乙女 4-2-2 TEL：022-347-3821 FAX：022-218-2457 HP：http://cocon-tohoku.com/

販路拡大のための独特の商流

メーカーから直接販路へ販売する場合は、ブランド手数料を東北協同へ。

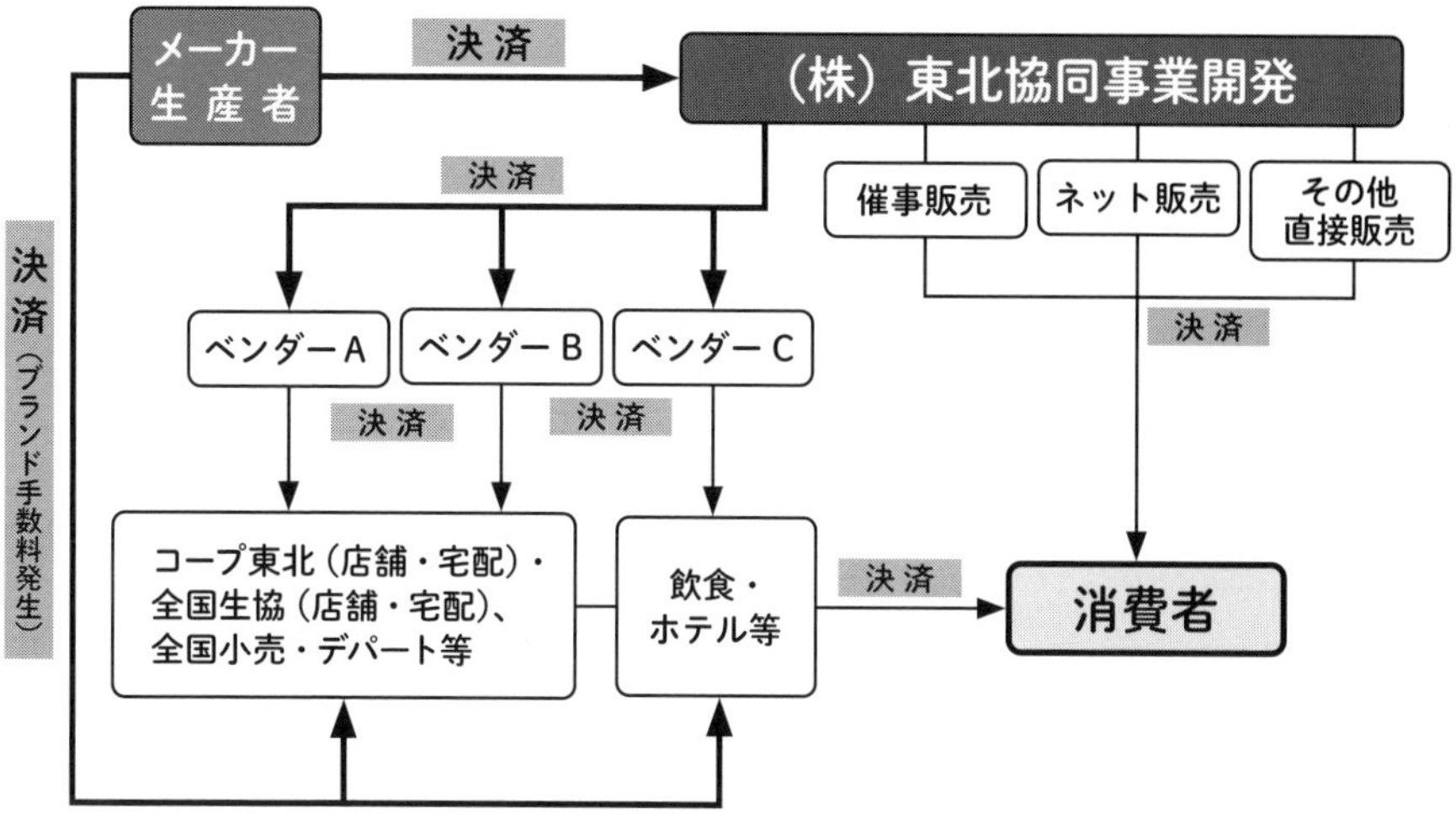

●新たに開発したシステム
「受発注システム」「物流システム」「SSDC 在庫把握システム」「販売管理システム」

102	プライフーズ株式会社	青森県八戸市	仙台味噌タレ漬け若鶏からあげ、クリスピーチキン、鶏天
103	株式会社　宝幸	東京都品川区	さば缶
104	本田水産株式会社	宮城県石巻市	かき飯の素、ほやのへそ
105	星農場	宮城県本吉郡南三陸町	小松菜
106	有限会社益野製菓（アルパジョン仙台泉本店）	宮城県仙台市泉区	黒糖ロールケーキ
107	株式会社マルニシ　本社工場	宮城県気仙沼市	みそ汁の具
108	まるい食品株式会社	山形県鶴岡市	味付け玉こんにゃく
109	株式会社　松ヶ岡農場	山形県鶴岡市	蔵だし庄内柿
110	株式会社マーマ食品	岩手県花巻市	冷凍総菜、冷凍スープ
111	有限会社　まごころ農場	青森県弘前市	ドライ林檎
112	マルトヨ食品株式会社	宮城県気仙沼市	ピリ辛さんま
113	農事組合法人宮守川上流生産組合	岩手県遠野市	どぶろく
114	ミツワフーズ株式会社	宮城県石巻市	伊達のたらこ
115	株式会社ミヤカン	宮城県気仙沼市	ピリ辛ツナ缶
116	みやぎ仙南農業協同組合	宮城県柴田郡柴田町	へそ大根
117	株式会社　明康	宮城県東松島市	ほたて箸
118	桃川株式会社	青森県上北郡おいらせ町	ガツンとにごり原酒
119	株式会社やくらいフーズ	宮城県加美郡加美町	とちおとめジャム（業務用）
120	株式会社ヤマダフーズ	秋田県仙北郡美郷町	納豆・豆腐
121	ヤマカノ醸造株式会社	登米市登米町	ゆず味噌、ゆずポン酢
122	有限会社　やない製麺	福島県福島市	手延べ麺
123	ヤマサ正栄水産株式会社	宮城県石巻市	牡蠣キムチ
124	有限会社ヤマユ佐勇水産	宮城県石巻市	なめたみりん漬
125	山口合名会社	福島県会津若松市	特別純米酒　「夢の香」
126	よつばファーム	宮城県東松島市	奥松島すいか（虎太郎）、仙台金時
127	株式会社　渡辺海苔店	宮城県仙台市若林区	味付け海苔

（2021年3月現在）

75	田所食品株式会社	宮城県亘理郡山元町	きぶどうジュース、紅玉りんごジュース
76	田老町漁業協同組合	岩手県宮古市	とろろこんぶ
77	株式会社高畠ワイナリー	山形県東置賜郡高畠町	ナイアガラわいん
78	株式会社　髙政　万石工場	宮城県牡鹿郡女川町	もっちりさつま揚げ
79	大和蔵酒蔵株式会社	宮城県黒川郡大和町	雪の松島
80	有限会社　竹鶏ファーム	宮城県白石市	こくさら竹鶏たまご
81	農業生産法人 種まきうさぎ株式会社	福島県伊達市	あんぽ柿、おどろき桃
82	株式会社　田口フードサービス	秋田県秋田市	鶏つくね串
83	株式会社　高浜	宮城県塩釜市	厚焼き笹蒲鉾
84	株式会社　だい久製麺	宮城県仙台市青葉区	亘理そば（生）、醤油ラーメン
85	千倉水産加工販売株式会社 女川工場	宮城県牡鹿郡女川町	ふっくら塩さんま
86	株式会社中央食品	岩手県花巻市	豚肩ロース味噌漬・やっこい味噌ホルモン・豚生姜焼き用
87	有限会社　趙さんの味	宮城県仙台市宮城野区	ベジたっぷり焼き肉のたれ、伊達なキムチ
88	株式会社デ・リーフデ北上	宮城県石巻市	パプリカ
89	時計台観光 株式会社	青森県青森市	生ぎょうざ
90	成澤農園	山形県鶴岡市	庄内柿　雅
91	株式会社　波座物産 気仙沼工場	宮城県気仙沼市	ピリ辛ごぼうめかぶ
92	株式会社　直江商店	宮城県塩釜市	おとうふかまぼこ
93	株式会社二戸食品	岩手県二戸市	冷凍ブルーベリー
94	株式会社　畑惣商店	宮城県仙台市	坊ちゃん石鹸
95	漁業生産組合　浜人（ハマント）	宮城県石巻市	塩蔵わかめ・結び昆布
96	株式会社ハイピース	福井県丹生郡越前町	だぶる黒茶
97	株式会社パールライス宮城	宮城県黒川郡大和町	脱気米
98	ビセラル株式会社	東京都足立区	ホルモン3種
99	株式会社 ピックルスコーポレーション	埼玉県所沢市	ゆずなます、浅漬け白菜、河北菜の浅漬け
100	株式会社　福一	横浜市鶴見区	いちじく甘露煮
101	船田食品製造株式会社	宮城県宮城郡利府町	12 種ホルモンミックス

47	有限会社工藤こうじ店	青森県三戸郡三戸町	生こうじ
48	株式会社グリーディー	宮城県仙台市青葉区	青森ヒバの消臭・除菌スプレー
49	株式会社ケーエスフーズ	宮城県本吉郡南三陸町	しゃきっと松前漬
50	有限会社けさらんファーム	山形県鶴岡市	だだちゃ豆
51	株式会社　幸田商店	茨城県ひたちなか市	こんがりきな粉２種
52	株式会社サンエイ海苔	福島県相馬市	寿司はね
53	佐々長醸造株式会社	岩手県花巻市	だし香るつゆ
54	株式会社　三和食品	山形県最上郡最上町	しそ巻、ふき水煮、たけのこ水煮、秘伝豆、わらび水煮
55	株式会社　三幸産業	広島県広島市	にんにくふりかけ
56	サンヨー缶詰株式会社	福島県福島市	さくっととろり白桃（４つ割)、シャリとろラフランス、シャリシャリ和梨
57	有限会社　斎藤昭一商店	秋田県秋田市	きりたんぽ
58	佐藤酒造株式会社	福島県田村郡三春町	三春駒の燗酒
59	株式会社　さんりくフーズ	宮城県石巻市	海苔佃煮
60	有限会社　蔵王の昔飴本舗	宮城県柴田郡大河原町	菜の花はちみつ飴と仲間たち
61	株式会社　蔵王ミート	山形県上山市	牛丼の具
62	株式会社シーフーズあかま	宮城県塩釜市	ぎばさ
63	有限会社　白神山美水館	青森県西津軽郡鰺ヶ沢町	ふんわり湧水
64	株式会社　塩屋	茨城県ひたちなか市	べっこうシジミ
65	株式会社　新地アグリグリーン	福島県相馬郡新地町	フルティカ（トマト)
66	常楽酒造株式会社	熊本県球磨郡錦町	米焼酎べにのほほ
67	末永海産株式会社	宮城県石巻市	炙りほや
68	有限会社 鈴木農園　鈴木清美	福島県郡山市	なめこ
69	株式会社スイシン	宮城県石巻市	みやぎサーモン塩麹漬け
70	酔仙酒造株式会社	岩手県大船渡市	特別純米酒　原酒「復蔵」
71	株式会社　鮮冷	宮城県牡鹿郡女川町	そのまま使える大和しじみ
72	仙台味噌醤油株式会社	宮城県仙台市若林区	ほっこり仙台みそ汁
73	住田フーズ株式会社	岩手県気仙郡住田町	若鶏ハラミ味付け
74	相馬アグリ株式会社	福島県南相馬市	もち麦

23	株式会社いぶりの里	秋田県大仙市	いぶりがっこ
24	岩手阿部製粉株式会社	岩手県花巻市	よもぎ大福
25	内池醸造株式会社	福島県福島市	ドレッシング各種、いかにんじんの素
26	内堀醸造株式会社	岐阜県加茂郡八百津町	りんご酢
27	株式会社　栄和	宮城県仙台市宮城野区	和牛ハンバーグ
28	エッグディライト株式会社	岩手県盛岡市	塩味ゆでたまご
29	株式会社エーデルワイン	岩手県花巻市	いわてのワイン
30	株式会社　小山製麺	岩手県奥州市	つるんと南部そば
31	株式会社　小原工業	青森県十和田市	ぽってりまるごとブルーベリー
32	及川冷蔵株式会社	岩手県大船渡市	さんまみりん天日干し、さんまみりん漬け、寒さばみりん漬け、真いわしみりん干し
33	小野食品株式会社	岩手県釜石市	熟成さば味噌煮、国産いわし梅煮、さけ焼き浸し
34	株式会社　奥入瀬フード	青森県十和田市	串なし焼き鳥、若鶏にんにく味噌焼き、鶏重ねチーズかつ
35	株式会社　海祥	宮城県名取市	三陸産しっとりあみえび佃煮
36	金崎製菓株式会社	埼玉県戸田市	はちみつかりんとう、えごま黒糖かりんとう
37	釜石ヒカリフーズ株式会社	岩手県釜石市	とろっといかソーメン
38	株式会社　金森水産	秋田県秋田市	わかさぎから揚げ
39	株式会社カキヤ	宮城県白石市	銀鮭の中落ちほぐし
40	株式会社木の屋石巻水産	宮城県石巻市	生炊き小女子、
41	株式会社きちみ製麺	宮城県白石市	白石温麺
42	共和水産株式会社	岩手県宮古市	潮うに、お刺身いかそうめん、海鮮丼の具、いか竜田揚げ
43	株式会社　KiMiDoRi	福島県双葉郡川内村	香りレタスミックス、フリルレタス
44	櫛引農村工業農業協同組合連合会	山形県鶴岡市	民田ナスのからし漬け
45	熊本油麩店	宮城県登米市	油麩
46	株式会社　栗駒ポートリー	宮城県栗原市	温泉たまご

生産者・メーカーリスト

	会社名	住　所	商品名
1	株式会社ＧＮＳ	福島県二本松市	相馬産なたね油
2	相原農園	宮城県仙台市若林区	曲りねぎ、かぶ
3	株式会社阿部長商店 渡冷	宮城県石巻市	たらフライ、さんま竜田揚げ（惣菜）
	株式会社阿部長商店　気仙沼食品	宮城県気仙沼市	ことことさんま甘露煮
	株式会社阿部長商店 気仙沼フレッシュ	宮城県気仙沼市	かつお刺身
	株式会社阿部長商店 大船渡食品	岩手県大船渡市	さば竜田揚げ、さば水煮、いわしフライ、さんま竜田揚げ
4	株式会社　あんしん生活	岩手県陸前高田市	小あみと野菜のサクッとかき揚げ
5	アグリ開発有限会社	岩手県九戸郡軽米町	エゴマ油
6	アイリスフーズ株式会社	宮城県仙台市青葉区	切り餅、パックごはん
7	株式会社鈴木水産	秋田県山本郡八峰町	ハタハタしょっつる干し
8	株式会社　味泉	岩手県盛岡市	みちのく煎餅
9	株式会社　新地アグリグリーン	福島県相馬郡新地町	フルティカ（トマト）
10	秋田銘醸株式会社	秋田県湯沢市大工町	秋田のお酒
11	株式会社 秋田ニューバイオファーム	秋田県由利本荘市西目町	だまこもち
12	株式会社　いわちく	岩手県紫波郡紫波町	しっとり焼豚、ローストポーク、冷凍ウィンナー、豚モモかつ
13	岩手県食料品水産加工業協同組合	岩手県紫波郡矢巾町	真崎カットわかめ
14	イセ食品株式会社 色麻パッキング工場	宮城県加美郡色麻町	みやぎ産まれのたまご
15	井ヶ田製茶株式会社	宮城県仙台市若林区	抹茶入り玄米茶
16	井ヶ田製茶株式会社	宮城県仙台市太白区	バターバウム、バターかすていら
17	石黒製麺株式会社	山形県南陽市	米沢ラーメン
18	岩手阿部製粉株式会社	岩手県花巻市	よもぎ大福
19	イワテプリミート株式会社	岩手県紫波郡紫波町	パリじゅわポークウインナー
20	株式会社　伊藤食品工業所	宮城県仙台市青葉区	仙臺まころん
21	株式会社　一ノ蔵	宮城県大崎市	特別純米酒ささのくら
22	石山水産株式会社	岩手県下閉伊郡山田町	寒さばのひもの、真いか仙台味噌漬け

西村一郎

【連絡先】西村研究所　〒302-0011 茨城県取手市井野 4417-1
e-mail：info@nishimuraichirou.com

【略歴】
1949 年　高知県生まれ、1970 年 東大生協に入協、1986 年 全国大学生協連合会食堂部長。1992 年 公益財団法人生協総合研究所 研究員
2010 年生協総研を定年退職　その後、フリーの生協研究家・ジャーナリストとして今日に至る。

【研究テーマ】 生協、食と農
【所属】日本科学者会議　現代ルポルタ－ジュ研究会　他
【生協関連の著書】『協同組合で働くこと』（共著　芝田進午監修）労働旬報社 1987 年、『エクセレントでみつけた生きがい・働きがい』コ－プ出版 2003 年、『雇われないではたらくワーカーズという働き方』コ－プ出版 2005 年、『生協の本』（共著）コ－プ出版 2007 年、『生協の共済』（共著）コ－プ出版 2008 年、『生協のいまを考える』（共著）かながわ生協労組 2008 年、『生協のいまを考える II』（共著）かながわ生協労組 2010 年、『ギョーザ事件から生協を考える』（共著）生協労連 2010 年、『協同っていいかも？南医療生協 いのち輝くまちづくり 50 年』合同出版 2011 年、『悲しみを乗りこえて共に歩もう　協同の力で宮城の復興を』合同出版 2012 年、『被災地につなげる笑顔　協同の力で岩手の復興を』日本生協連出版部 2012 年、『3･11 忘れない、伝える、続ける、つなげる　協同の力で避難者の支援を』日本生協連出版部　2013 年、『福島の子ども保養　協同の力で避難した親子に笑顔を』合同出版　2014 年、『宮城♥食の復興　つくる、食べる、ずっとつながる』生活文化社　2014 年、『協同の力でいのち輝け　医療生協・復興支援◎地域まるごと健康づくり』合同出版　2015 年、『愛とヒューマンのコンサート　音楽でつながる人びとの物語』合同出版　2016 年、『広島・被爆ハマユウの祈り』同時代社　2020 年、『生協の道　現場からのメッセージ』同時代社　2020 年

組版　Shima.
装幀　守谷義明＋六月舎

あしたへつなぐ おいしい東北
古今東北のチャレンジ

2021 年 4 月 20 日　第 1 刷発行

著　　者　西村一郎
発 行 者　坂上美樹
発 行 所　合同出版株式会社
東京都小金井市関野町 1-6-10
郵便番号　184-0001
電話　042（401）2930
振替　00180-9-65422
ホームページ　https://www.godo-shuppan.co.jp/
印刷・製本　株式会社シナノ
■刊行図書リストを無料進呈いたします。
■落丁乱丁の際はお取り換えいたします。

ISBN978-4-7726-1456-6　NDC360　148 × 210